여행은 꿈꾸는 순간, 시작된다

리얼 시리즈가 제안하는

안전여행 가이드

안전여행 기본 준비물

☐ 마스크

마카오에서 마스크 착용은 의무가 아니지만, 사람이 많은 곳에서는 착용하는 것을 권장한다.

☐ 손 소독제

소독제나 알코올 스왑, 소독 스프레이 등을 챙겨서 자주 사용한다.

☐ 여행자 보험

코로나19 확진 시 격리 및 치료에 들어가는 비용이 보장되는 여행자 보험에 가입한다.

☐ 휴대용 체온계

발열 상황에 대비해 작은 크기의 체온계를 챙긴다. 아이와 함께 여행한다면 필수로 준비하자.

☐ 자가 진단 키트

발열과 기침, 오한 등 코로나19로 의심되는 증상이 나타날 때 감염 확인을 위해 필요하다. 여행 기간과 인원을 고려해 준비한다.

☐ 재택 치료 대비 상비약

코로나19 확진 시 증상에 따라 필요한 약을 준비한다. 해열진통제, 기침 감기약, 지사제 등을 상비약으로 챙긴다.

여행 속 거리두기 기본 수칙

☐
활동 전후
30초 이상 손씻기

☐
타인과 안전 거리
유지하기

☐
손 소독제
적극 사용하기

☐
밀집 지역은
특히 주의하기

여행 일정

- ☐ 여행지에 따른 방역 지침 준수하기
- ☐ 여행지 주변 의료 시설 확인하기
- ☐ 자가격리 기준 및 출입국 방법 사전에 조사하기

여행지

- ☐ 여행지에 따른 방역 수칙 준수하기
- ☐ 환기가 잘 되는 여행지 위주로 방문하기
- ☐ 실내에서는 마스크 착용하기
- ☐ 오픈 시간 및 휴무일은 자주 변동되므로 방문 전 확인하기

식당·카페

- ☐ 사람이 많으면 포장 주문도 고려하기
- ☐ 매장 내에서 취식한다면 손 소독 및 거리두기 준수하기

렌트 차량

- ☐ 손잡이 소독하기
- ☐ 주기적으로 환기시키기

대중교통

- ☐ 탑승객과 일정 거리 유지하기
- ☐ 공용 휴게 공간 조심하기
- ☐ 좌석 외 불필요한 이동 자제하기
- ☐ 내부에서 음식 섭취 자제하기

출입국

- ☐ 공항과 기내에서 방역 수칙 준수하기

숙박

- ☐ 예약 숙소의 방역 및 소독 진행 여부 확인하기
- ☐ 앱이나 유선으로 비대면 체크인 활용하기
- ☐ 개인 세면도구 적극 사용하기
- ☐ 객실 창문을 열어 자주 환기하기

박물관·미술관

- ☐ 시간대별 인원 제한 여부 확인하기
- ☐ 홈페이지 또는 인터넷 예매 활용하기

방역 지침 확인 및 긴급 상황 대처

- ☐ 여행 중 건강 상태를 수시로 확인하고 필요하면 검진받기
- ☐ 빠르게 바뀌는 현지 방역 대책은 관광청 등 홈페이지에서 확인하기
  마카오 관광청 hmacaotourism.gov.mo
  마카오 정부 gov.mo
- ☐ 긴급한 상황이 발생하면 현지 대사관 또는 영사관에 연락하기
  주홍콩 대한민국 총영사관
  overseas.mofa.go.kr/hk-ko/index.do

  📍 Consulate General of the Republic of Korea 5F, Far East Finance Centre, 16 Harcourt Road, Admiralty, Hong Kong

  📞 **대표전화** +852-2529-4141(근무시간 중)
  긴급연락전화 +852-9731-0092
  (사건사고 등 긴급상황 발생시, 24시간)
  영사콜센터 +82-2-3210-0404(서울, 24시간)

  🕐 평일 9:00~12:00, 13:30~16:30

리얼
마카오

여행 정보 기준

이 책은 2024년 9월까지 수집한 정보를 바탕으로 만들었습니다.
정확한 정보를 싣고자 노력했지만, 여행 가이드북의 특성상
책에서 소개한 정보는 현지 사정에 따라 수시로 변경될 수 있습니다.
변경된 정보는 개정판에 반영해 더욱 실용적인 가이드북을 만들겠습니다.

한빛라이프 여행팀 ask_life@hanbit.co.kr

리얼 마카오

초판 발행 2023년 10월 6일
초판 2쇄 2024년 10월 4일

지은이 정의진 / **펴낸이** 김태헌
총괄 임규근 / **책임편집** 고현진 / **디자인** 천승훈, 김현수 / **지도·일러스트** 이예연
영업 문윤식, 신희용, 조유미 / **마케팅** 신우섭, 손희정, 박수미, 송수현 / **제작** 박성우, 김정우 / **전자책** 김선아

펴낸곳 한빛라이프 / **주소** 서울시 서대문구 연희로2길 62 한빛빌딩
전화 02-336-7129 / **팩스** 02-325-6300
등록 2013년 11월 14일 제25100-2017-000059호
ISBN 979-11-93080-08-5 14980, 979-11-85933-52-8 14980(세트)

한빛라이프는 한빛미디어(주)의 실용 브랜드로 우리의 일상을 환히 비추는 책을 펴냅니다.

이 책에 대한 의견이나 오탈자 및 잘못된 내용은 출판사 홈페이지나 아래 이메일로 알려주십시오.
파본은 구매처에서 교환하실 수 있습니다. 책값은 뒤표지에 표시되어 있습니다.

한빛미디어 홈페이지 www.hanbit.co.kr / 이메일 ask_life@hanbit.co.kr
블로그 blog.naver.com/real_guide_ / 인스타그램 @real_guide_

지금 하지 않으면 할 수 없는 일이 있습니다.
책으로 펴내고 싶은 아이디어나 원고를 메일(writer@hanbit.co.kr)로 보내주세요.
한빛라이프는 여러분의 소중한 경험과 지식을 기다리고 있습니다.

마카오를 가장 멋지게 여행하는 방법

리얼 마카오

정의진 지음

HB 한빛라이프

친구 같고 고향 같은 마카오

하루가 멀다 하고 바다가 메워지고, 새로운 건물이 들어서며, 눈 깜짝할 새 유행이 바뀌는 곳. 그래서 갈 때마다 새롭게 여행하는 기분으로 거리를 헤매게 된다. 밤이 오면 휘황찬란한 조명이 하늘을 밝히고 주말마다 성대한 파티의 열기가 도시를 가득 채운다. 도시가 뿜어내는 온갖 종류의 빛을 다 모아 놓은 곳, 그곳이 바로 마카오다.

그러나 사람들이 몰려드는 화려한 파티장 뒤로 호젓한 산책로가 있고, 그 길을 따라 쭉 가면 백 년 전 풍광을 간직한 호수와 집들이 보인다. 새들이 지저귀고, 우산만 한 잎을 늘어뜨린 식물이 자라며, 계단과 계단 사이에는 이끼가 잔뜩 끼어있다. 그러니 변화에 아랑곳하지 않고 옛날에 머물러 있는 도시 또한 마카오의 얼굴이다.

몇 해 전 처음 마카오 가이드북을 준비하면서 사람들이 마카오의 진면목을 알아주길 바랐다. 그러니까 카지노나 호캉스를 즐기는 사이사이 지도 없이 길을 나서 여유를 누리는 것 말이다.
우연히 발견한 손바닥만 한 공원에서, 색이 바랠 대로 바랜 교회에서 마카오의 매력이 빛을 발하기 때문이다.

영원할 것 같던 팬데믹이 끝나고 4년 만에 다시 마카오로 떠나며 나는 옛 친구를 만나러 가는 것처럼 설렜다. 그리고 낡은 벤치에 앉아 사이반 호수를 바라보며 고향에 돌아온 것 같은 감동마저 느껴졌다. 이 책이 마카오로 떠나는 여행자들에게 부디 쓸모 있는 안내서가 되었으면 좋겠다.
지난 시절 내가 그랬던 것처럼, 세월이 흘러 다시 이 도시를 찾을 때 옛 친구 같은 편안함을, 고향에 온 것 같은 따뜻함이 느껴지길 바란다.

정의진 자유여행사 홍콩 팀 소속으로 8년간 일하며 홍콩, 마카오와의 인연을 시작했다. 여행을 일로 삼아온 지 11년째, 숱한 나라들을 오갔지만 여전히 가장 정이 가는 곳은 처음 인연을 시작했던 홍콩과 마카오다. 현재는 여행사 마케터로서 다양한 방법으로 여행객들을 만나고 있다.

이메일 shaggy80@naver.com **인스타그램** euijin_chung

이 책의 사용법

일러두기

- 이 책은 2024년 9월까지 조사한 내용을 바탕으로 만들었습니다.
- 하지만 현지 상황은 수시로 변하고 있습니다. 정확한 정보는 여행을 출발하기 직전 각 스폿의 홈페이지 등에서 확인하기를 권장합니다.
- 이 책에 나오는 지역명과 스폿 이름은 우리나라에서 통상적으로 부르는 명칭을 기준으로 표기했습니다.
- 외국어의 한글 표기는 국립국어원 외래어 표기법을 따르되 관용적 표현이나 현지 발음과 동떨어진 경우에는 예외를 두었습니다.
- 휴무일은 정기 휴일을 기준으로 작성했습니다.
- 입장 요금은 성인을 기준으로 작성했고, 어린이 요금이 있는 경우에는 각 스폿별 어린이 기준에 따라 요금을 표기했습니다.
- 입장 요금과 상품 가격은 마카오 파타카(MOP)로 표기했습니다. 숙박 요금은 대략적인 금액을 알 수 있도록 한화로 표기했습니다.

BOOK
리얼
마카오

〈리얼 마카오〉로 알차게 여행준비!

- 마카오는 어떤 곳이지? 여행 기본 정보
- 꼭 가야 할 곳, 먹어야 할 것, 사야 할 것 총정리
- 마카오를 가장 멋지게 여행하는 방법! 각 지역의 추천 스폿 소개
- 마카오 여행 고수가 추천하는 '여행을 즐기는 방법' REAL GUIDE
- 전 세계 호텔의 메카, 마카오 호텔 완전 정복
- 마카오 얼마나, 어디를, 어떻게 여행해야 할까? 추천 여행 코스
- 번거로운 여행 준비, 책 보며 따라 하기만 하자.

아이콘

📷 명소   ✕ 음식점   🛍 상점   ✕ 추천 메뉴   🚶 찾아가는 법   📍 주소

🕐 운영 시간 $ 요금 및 가격   📞 전화번호   🏠 홈페이지

차
례

CONTENTS

CONTENTS
차례

CONTENTS
차례

PART 03
마카오를 가장 멋지게 여행하는 방법

PART 04
마카오에서 바로 통하는 여행 준비

PART 05
진짜 마카오를 만나는 시간

과거로의 타임슬립
마카오반도

REAL GUIDE

온갖 문화의 혼재
타이파 & 코타이 스트립

REAL PLUS
마카오 최남단 바닷가 마을
콜로안

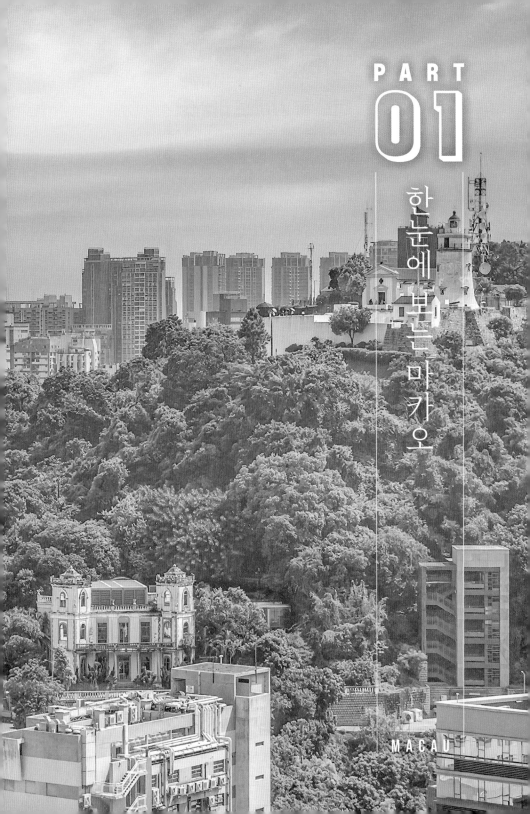

PART

01

한눈에 보는 마카오

MACAU

지도에서 만나는 여행
이토록 가까운 마카오

마카오는 우리나라에서 비행기로 3시간 30분가량 소요된다.
대한항공과 같은 대형 국적기로는 이동이 불가하고 저비용 항공사를 이용하면
경유 없이 직항으로 오갈 수 있다. 다만 대부분의 여행객이
홍콩과 마카오를 함께 보는 만큼 홍콩에서 이동하는 방법도 알아두면 편리하다.

인천
3시

인천-마카오
3시간 40분

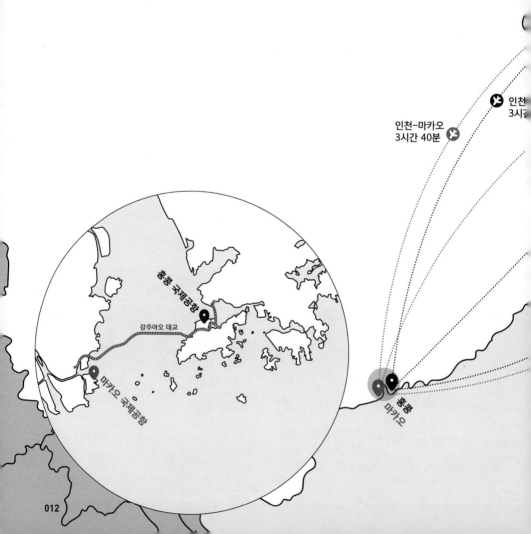

홍콩 국제공항

강주아오 대교

마카오 국제공항

홍콩

마카오

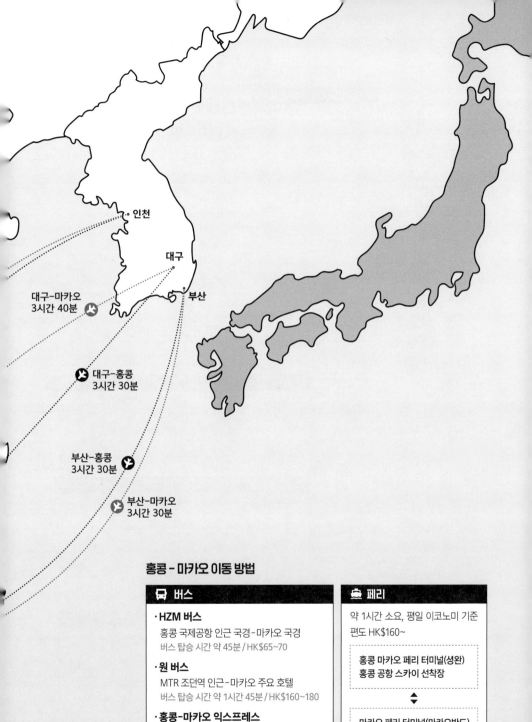

인천

대구

부산

대구-마카오
3시간 40분 ✈

대구-홍콩
3시간 30분 ✈

부산-홍콩
3시간 30분 ✈

부산-마카오
3시간 30분 ✈

홍콩 - 마카오 이동 방법

🚌 버스

· HZM 버스
홍콩 국제공항 인근 국경-마카오 국경
버스 탑승 시간 약 45분 / HK$65~70

· 원 버스
MTR 조던역 인근-마카오 주요 호텔
버스 탑승 시간 약 1시간 45분 / HK$160~180

· 홍콩-마카오 익스프레스
MTR 프린스에드워드역-마카오 주요 호텔
버스 탑승 시간 약 1시간 10분 / HK$160~180

⛴ 페리

약 1시간 소요, 평일 이코노미 기준
편도 HK$160~

홍콩 마카오 페리 터미널(성완)
홍콩 공항 스카이 선착장

⬍

마카오 페리 터미널(마카오반도)
타이파 페리 터미널(타이파섬)

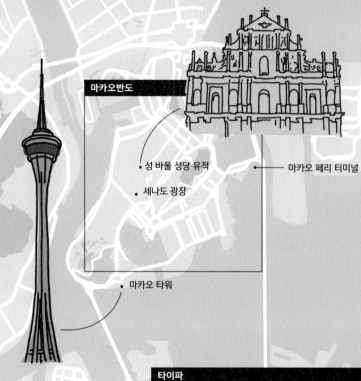

마카오반도

• 성 바울 성당 유적

• 세나도 광장

마카오 페리 터미널

• 마카오 타워

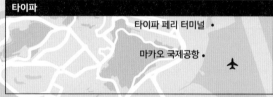

타이파

타이파 페리 터미널 •

마카오 국제공항 •

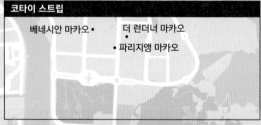

코타이 스트립

베네시안 마카오 •

• 더 런더너 마카오

• 파리지앵 마카오

콜로안

• 학사 비치

• 성 프란치스코 하비에르 성당

각양각색의 색다른 매력
구역별로 보는 마카오

오늘날 마카오는 크게 마카오반도, 타이파, 콜로안, 그리고 코타이 스트립 네 지역으로 구분한다.
전통적으로는 앞의 세 지역으로만 구분했는데, 호텔 단지 개발을 위해
타이파와 콜로안 사이 바다를 매립해 코타이 스트립 지역이 새로 생겼다.

마카오 본연의 얼굴
마카오반도 Macau 澳門

하루가 멀게 새 호텔이 들어서는 첨단의 풍경이 마카오라고 여겨지지만, 여행의 구심점은 여전히 구시가지 마카오반도다. 사람들이 쏟아져 나와 정신없는 시장 풍경 뒤로 수백 년의 세월을 간직한 성당과 광장, 골목이 자리한다. 꾸민 관광지가 아닌 마카오 본연의 얼굴, 마카오반도다.

풍경화 속을 거니는 기분
타이파 Taipa 氹仔

타이파에는 마카오에서 제2의 고향을 건설했던 포르투갈 사람들의 흔적이 많이 남아 있다. 코타이 스트립을 중심으로 도시가 발전하면서 타이파는 오랜 세월 방치되었지만, 그 덕에 100년 전 모습을 그대로 유지하고 있다. 출사가 목적이라면 마카오에서 가장 먼저 찾아야 할 여행지다.

총천연색으로 빛나는 밤의 도시
코타이 스트립 Cotai Strip 路氹

오늘날 마카오의 명성은 코타이 스트립의 등장과 함께 시작됐다 말해도 과언이 아니다. 타이파와 콜로안 2개의 섬을 이어 만든 간척지 코타이 스트립은 '아시아의 라스베이거스' 건설이 목표였다. 해가 지면 화려한 외관의 호텔들이 조명을 쏘아 환상의 밤을 만들어낸다.

호젓한 바닷가 산책 누리기
콜로안 Coloane 路環

마카오의 최남단 콜로안은 잠시 쉬어 가기 좋은 여행지다. 코타이 스트립에서 버스로 15분 남짓이지만 번화한 코타이 스트립과는 달리 한적한 어촌 풍경을 만날 수 있다. 마카오의 명물 에그타르트를 맛본 후 바닷가를 따라 한 바퀴 돌아보는 것만으로도 여행의 운치를 느낄 수 있다.

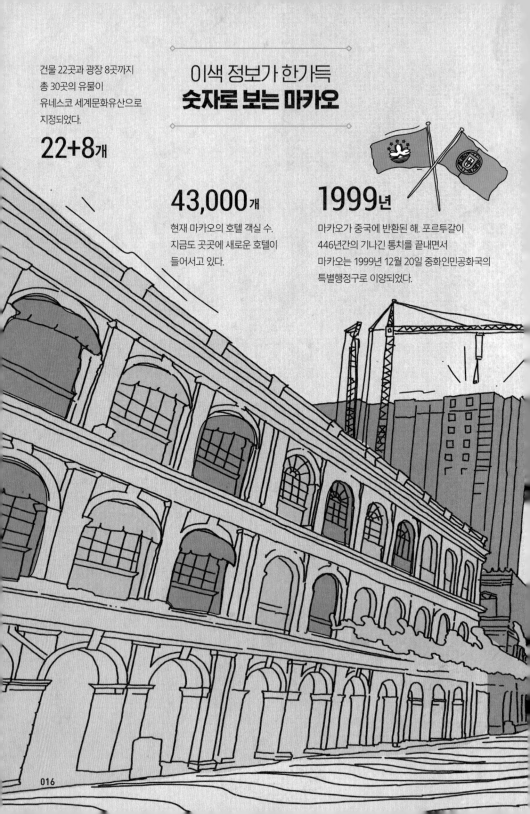

건물 22곳과 광장 8곳까지
총 30곳의 유물이
유네스코 세계문화유산으로
지정되었다.

22+8개

43,000개

현재 마카오의 호텔 객실 수.
지금도 곳곳에 새로운 호텔이
들어서고 있다.

1999년

마카오가 중국에 반환된 해. 포르투갈이
446년간의 기나긴 통치를 끝내면서
마카오는 1999년 12월 20일 중화인민공화국의
특별행정구로 이양되었다.

30.3 km²

마카오의 면적은 30.3km²로
605km²인 서울의 약 1/20 수준이다.

스타벅스 카페라테 톨 사이즈 가격은
MOP50이다. 우리 돈으로 8,300원가량.
마카오는 덴마크, 스위스, 핀란드에
이어 세계에서 네 번째로
스타벅스 커피 가격이 비싼 곳이다.

8,300원

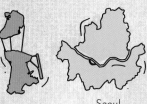

Macau   Seoul

688,000명

마카오의 인구수. 1km²당 약 1만 7,000명 분포로
인구 밀도 기준 세계 1위다.

39,410,000명

2019년 기준 마카오에 방문한 외국인 여행자 수로,
이 수치를 다시 회복하기 위해 총력을 다하고 있다.

알아두면 쓸모 있는,
마카오 여행 정보

명칭

마카오(澳門), 영어로는 Macao, 포르투갈어로는 Macau로 표기하며 공식 행사에서는 Macau를 사용한다. 광둥어로는 '오우문', 포르투갈어로는 '마카우'로 발음한다. 공식 명칭은 중화인민공화국 마카오 특별행정구다.

언어와 문자

표준 중국어와 포르투갈어가 공식 언어지만 일상생활에서는 홍콩과 마찬가지로 광둥어를 주로 사용한다. 호텔이나 카지노 외에는 영어가 거의 통하지 않기 때문에 길을 묻거나 택시를 타야 한다면 한자 주소나 지도를 보여줘야 한다. 특히 택시 이용 시 호텔 직원에게 목적지를 한자로 적어달라고 하거나 문자카드 앱을 사용하면 편리하다. 문자는 중국에서 사용하는 간체자가 아닌 우리나라와 같은 번체자를 사용한다.

화폐

마카오의 화폐 단위는 '파타카'이며 기호는 줄여서 MOP다. (1MOP=약 ₩151) 우리나라에서 환전은 불가하지만 홍콩 달러가 파타카와 1:1 가치로 통용되기 때문에 홍콩 달러를 써도 된다. 하지만 홍콩에서는 파타카 사용이 안 되므로 마카오에서 거스름돈을 파타카로 받았다면 마카오에서 모두 소진해야 한다. 호텔이나 카지노 등에서는 위안화와 미국 달러 사용도 가능하다. 마카오의 화폐는 대서양은행과 중국은행 두 곳에서 발행한다. 같은 금액이라도 발행 은행에 따라 모양이 다르니, 사용 시 금액을 반드시 확인해야 한다.

마카오 특별행정구 기

번영을 상징하는 초록색 바탕에 마카오의 시화(市花)인 연꽃이 그려져 있다. 상단 5개의 별은 오성홍기에서 따온 것으로, 마카오가 중화인민공화국의 일부임을 의미한다.

정치 체제

공산주의 국가인 중국에 속해 있지만, 중국 반환 50년 후인 2049년까지 현재의 자본주의 체제가 보장된다.

비자

마카오와 우리나라는 상호 비자 면제 협정이 체결되어 있어 최대 90일까지 무비자로 체류 가능하다. 단, 귀국일 기준으로 여권의 만료일이 반드시 6개월 이상 남아 있어야 한다.

SNS

중국 본토에서는 인스타그램과 카카오톡 등 SNS 사용
이 제한되지만 특별행정구 마카오에서는 중국 내륙에
비해 SNS 사용이 자유롭다. 인터넷만 연결되면 한국에
서처럼 SNS를 사용할 수 있다.

좌측통행

마카오는 영국, 일본, 홍콩과 같이 차량이 좌측
통행한다. 우리나라와 반대이기 때문에 헷갈릴
수 있다. 길을 건널 때 양쪽 다 살피고 건너자.

국제 전화 코드

마카오의 국제 전화 코드는 853이다. 마카오
에서 한국으로 전화를 걸 때는 우리나라 국
가번호 82를 누른 후 휴대폰 번호 제일 앞자
리 '0'을 빼고 '82-10-XXXX-XXXX'와 같이
누른다.

1인당 국민 소득(GNI)

마카오의 1인당 국민 소득은 2020
년 기준 약 8만 달러로 세계 4위 수
준이다. 우리나라 1인당 국민 소득
은 3만 달러로 마카오의 절반 정도
에 불과하다. 마카오의 소득 대부
분은 카지노에서 나온다.

환전

우리나라 시중 은행에서 홍콩 달러로 환전할 수 있다. 공항
내 은행은 수수료가 비싸므로 시중 은행을 이용하는 편이
좋고, 주거래 은행 사이버 환전 시 수수료 할인 폭이 가장
크다.

종교

현재 마카오 사람들의 60%가량은 마카오
전통 신앙을 믿는다. 기독교 신자는 약 7%에
불과하다. 불교 신자는 17%이며 무신론자가
약 15%이다.

치안

마카오는 유럽이나 다른 동남아 국가에 비해 치안이 좋은 편이다. 하지만 세나도 광장처럼 사람이 많은 곳에서는 소매치기를 조심해야 하고, 밤 늦게는 돌아다니지 않는 것이 좋다.

시차

우리나라가 마카오보다 1시간 빠르다. 마카오가 오전 9시면, 우리나라는 오전 10시.

신용카드

VISA, MASTER 등 한국에서 일반적으로 통용되는 신용카드라면 마카오에서도 대부분 이용 가능하다. 단, 소규모 상점이나 일부 로컬 식당의 경우 신용카드 이용이 불가한 경우도 있으니 참고하자.

전압

우리나라와 같은 220V지만 콘센트 구멍이 3개다. 동그란 형태의 콘센트는 우리나라 플러그를 그대로 사용할 수 있으나 네모난 형태의 콘센트에는 사용할 수 없다. 대부분 호텔은 신형 콘센트를 설치했지만 유사시를 대비해 멀티 어댑터를 준비하는 것이 좋다.

봄(3~4월)

우리나라의 봄보다 조금 더 따뜻해 여행하기 좋으며 한낮에는 반팔을 입어야 할 만큼 기온이 올라간다. 4월 하순부터 여름이 시작된다.

여름(5~9월)

한낮 기온이 30℃를 웃돌고 습도가 높지만 실내에서는 대부분 에어컨을 틀어 놓기 때문에 여행하는 데 큰 지장은 없다. 6월부터 8월 사이는 본격적인 우기로, 이틀에 한 번 꼴로 비가 내리니 우산을 챙기자.

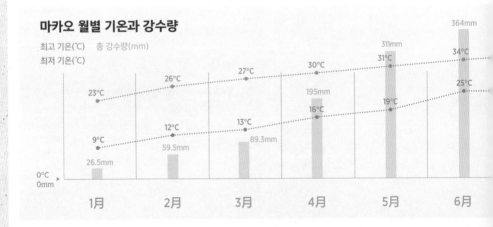

마카오 월별 기온과 강수량

최고 기온(℃) 총 강수량(mm)
최저 기온(℃)

모바일 인터넷

우리나라 통신사의 자동 로밍

하루 약 1만 원으로 인터넷과 전화 사용이 가능하며, 통신사 고객 센터나 공항 내 통신사 부스에서 신청하면 된다.

유심 칩

좀 더 저렴하게 인터넷을 쓸 수 있지만 새로 발급된 현지 번호로만 통화가 가능하고, 한국에 전화하려면 보이스 통화 어플을 이용해야 한다. 마카오 전용 유심 칩도 있지만 홍콩을 함께 여행한다면 홍콩/마카오 혼용 유심 칩을 이용하는 편이 낫다. 유심 칩은 공항 내 서점 등에서 구입 가능하며 인터넷을 통해 사전 구매한 후 공항에서 수령하는 방법도 있다.

* 마카오의 대부분의 호텔에서 무료 와이파이를 제공한다는 점도 참고하자.

긴급 상황 시 전화

마카오에는 대한민국 영사관이 없다. 따라서 여권 분실 시 가까운 경찰서에 여권 분실 신고를 한 후 다시 이민국으로 가 한 번 더 여권 분실 신고를 해야 한다. 이민국에서 발급받은 홍콩 입국 관련 서류를 가지고 홍콩에 있는 총영사관으로 가서 임시 여권 여행 허가서를 발급받아야 하는데, 절차가 복잡하고 최소 이틀 이상 소요되며 그마저도 광둥어를 못 하면 진행이 까다로우니 여권 분실에 각별히 주의하자.

- **마카오 24시간 긴급 핫라인** ☎ +853 110, +853 112
- **마카오 경찰** ☎ +853 999
- **마카오 이민국** ☎ +853 2872 5488

홍콩 총영사관

🕐 평일 09:00~17:30, 주말 및 공휴일 휴무/민원 업무 09:00~12:00, 13:30~16:30

☎ +852 2529 4141(평일 업무 시간)

☎ +852 9731 0092(사건 사고 등 긴급 상황 발생, 24시간)

📍MTR 애드미럴티역 B출구 맞은편 금색 건물 5층

🏠 overseas.mofa.go.kr/hk-ko/index.do

가을(10~11월)

여행하기 가장 좋은 날씨. 하늘이 맑으며 습도도 낮아 실외 활동을 하기에 좋다. 낮에는 반팔 차림이 적당하지만 해가 지면 쌀쌀해지므로 가벼운 긴팔 옷을 준비하자.

겨울(12~2월)

눈이 오거나 영하로 떨어지진 않아도 제법 쌀쌀한 편이다. 참고로 마카오 사람들은 이때 두꺼운 패딩 점퍼를 입지만 우리에겐 그렇게까지 춥게 느껴지지는 않는다.

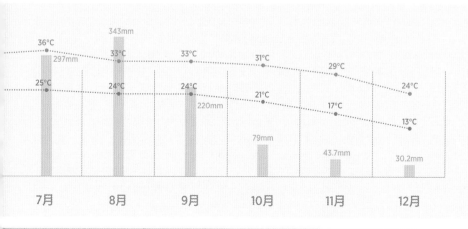

여행이 더욱 즐거워지는
마카오 축제

01

02

⑴ 마카오 라이트 페스티벌
Macau Light Festival

매해 12월이 되면 도시 곳곳에 화려한 조명이 동화 같은 밤을 수놓는다. 2015년 시작된 마카오 라이트 페스티벌은 각종 멀티미디어 장비를 이용해 마술과 같은 화려한 조명을 펼친다. 축제 기간 동안 성 바울 성당 유적은 초대형 스크린이 되어 영상을 비추고, 세나도 광장 한가운데 조명으로 장식한 크리스마스트리도 설치한다. 반짝이는 의상을 입은 사람들이 거리를 활보하고 네온사인을 내건 푸드 트럭이 들어서 여행자들은 시간 가는 줄 모르고 거리를 누비게 된다.

🕐 12월 1일~12월 31일 🏠 macao touri sm.gov.mo/en/macao-light-festival

⑵ 마카오 쇼핑 페스티벌
Macau Shopping Festival

마카오는 다른 도시에 비해 쇼핑의 매력이 적은 도시로 통하지만 이 기간이라면 얘기가 달라진다. 마카오 유일의 백화점인 뉴 야오한을 비롯해 각 호텔 아케이드에서 파격 세일을 실시하는데, 명품 브랜드부터 소규모 기념품 숍까지 브랜드나 매장 규모에 상관없이 다양한 프로모션이 펼쳐진다. 단순 가격 할인에 그치지 않고 무료 기념품 증정이나 러키 드로 등 이벤트도 열리며 물건을 구입하지 않아도 누구나 이벤트에 참여할 수 있다.

🕐 12월 1일~12월 31일(매장별 상이)
🏠 macaotourism.gov.mo/en/macao-light-festival

⑶ 마카오 아트 페스티벌
Macau Arts Festival

마카오 아트 페스티벌은 연극, 무용, 콘서트, 오페라, 경극, 서커스, 멀티미디어, 비주얼 아트 등 다양한 예술 장르를 한자리에서 만날 수 있는 말 그대로 예술의 장이다. 매해 색다른 주제를 선정해 이에 맞는 작품을 선보인다. 예술가라면 국적에 관계없이 누구나 참가할 수 있다. 워낙 다양한 방식의 무대가 펼쳐지기 때문에 평소 관심 있는 장르만 골라서 관람할 수 있다. 아트 페스티벌이라고는 하나 어린이들을 위해 놀이터처럼 꾸민 곳도 들어서 누구나 즐거운 시간을 보낼 수 있다.

🕐 매해 초여름부터 한 달간
🏠 icm.gov.mo/fam

중국과 포르투갈 두 문화가 섞인 도시답게 다양한 축제가 열리는 마카오.
형식이나 의미를 자세히 몰라도 거리로 쏟아져 나오는 인파에 섞여 신나게 노는 것만으로도
남다른 여행의 재미가 느껴진다. 연중 끊이지 않는 마카오의 축제 현장으로 들어가 보자.

마카오 그랑프리
Macau Grand Prix

아시아 최대 규모의 자동차 레이싱이
자 오토바이와 자동차 경주가 동시에
열리는 세계에서 유일한 스피드 축제
가 마카오에서 열린다. 60년이 넘는 전
통을 자랑하는 마카오 그랑프리는 따
로 경기용 트랙을 만들지 않고 시내 도
로 전체를 트랙으로 활용한다. 꼬불꼬
불 좁은 골목이 많은 마카오의 특성 덕
분에 세계의 어떤 자동차 경주보다 짜
릿한 장면이 연출된다. 경기 기간에는
시내의 식당과 바에서 대형 스크린을
통해 실시간으로 경기 장면을 보며 신
나는 술자리도 만끽할 수 있다.

🕐 11월 셋째 주
🏠 macau.grandprix.gov.mo

마카오 국제 불꽃놀이 대회
Macau International Display Contests

매해 여름의 끝자락에 열리는 마카오
국제 불꽃놀이 대회는 1989년 시작된
짧은 역사에도 불구하고 스페인 발렌
시아 불꽃 축제나 일본의 오마가리 불
꽃 축제와 어깨를 나란히 할 만큼 세계
적인 축제로 자리 잡았다. 남반 호수를
무대로 10여 개의 나라에서 준비한 형
형색색의 불꽃이 밤하늘을 밝힌다. 대
회를 제대로 즐기고 싶다면 일찌감치
남반 호수 인근이나 펜하 언덕에 자리
잡아야 한다. 마카오 타워 전망대는 불
꽃놀이를 가장 가깝게 볼 수 있는 명당
으로 알려졌으니 참고하자.

🕐 9월 중순~10월 초
🏠 fireworks.ma caotourism.gov.mo

마카오 옥토버페스트
Macau Oktoberfest

뮌헨에서 열리는 세계 최대의 맥주 축
제 옥토버페스트를 마카오에서도 즐
길 수 있다. 마카오 옥토버페스트는 흥
겨운 음악, 다양한 이벤트와 함께 정
통 독일 맥주는 물론 각종 독일 음식도
맛볼 수 있어 여행자뿐 아니라 현지인
에게도 인기 있는 축제로 자리 잡았다.
축제는 MGM 코타이 또는 MGM 마카
오 호텔에서 열리며 사전에 MGM 홈
페이지를 통해 입장권을 예매해야 한
다. 맥주 마니아라면 10월의 서늘한 밤
공기 속에서 즐기는 흥겨운 파티를 기
대해봐도 좋다.

🕐 10월 셋째 주   🏠 mgm.mo

알고 나면 푹 빠지는
마카오 매력 포인트

자유 여행이 대세로 자리 잡은 지금, 그만큼 주목받는 도시도 많아졌다.
그렇다면 마카오가 주변의 다른 도시에 비해 자유 여행지로서 더 좋은 이유는 무엇일까?
오직 마카오에서만 누릴 수 있는, 마카오만의 매력 7가지를 소개한다.

1 주말 여행이 가능한 가까운 거리

인천-마카오 간 운항 시간은 3시간 30분으로 5시간 이상 걸리는 동남아의 다른 도시보다 한국과 월등히 가깝다. 긴 휴가를 내기 힘든 직장인이라면 주말에 하루 연차를 붙이는 것만으로도 부담 없이 해외여행의 재미를 맛볼 수 있다. 귀국 시 새벽 비행기가 많아 연차를 하루만 이용해도 3박 4일의 일정이 가능하다.

2 가까운 곳에서 만나는 포르투갈

1999년 중국 반환 이후 마카오는 중국의 한 도시가 되었지만, 기존의 중국과는 확연히 다른 모습이다. 포르투갈 전통 타일 칼사다(Calçada)가 깔린 도로, 유럽식 성당과 광장이 들어선 시가지, 포르투갈어로 쓰인 거리의 간판 등 중국 속에서 중국과 다른 독특한 문화 체험을 만끽할 수 있다.

3 독특하고 맛있는 전통 요리

대항해 시대 전 세계를 호령하던 포르투갈이 건설한 도시 마카오에서는 주변 국가에서는 찾아보기 힘든 독특한 음식 문화가 발달했다. 아프리카와 인도의 식재료가 중국의 향신료, 포르투갈의 조리법과 만나 탄생한 마카오의 전통 요리 매캐니즈(Macanese)는 이전에 맛보지 못한 색다른 맛의 세계를 보여준다.

4 한국인을 사랑하는 마카오

마카오 사람들은 인터넷을 통해 한국의 최신 드라마와 예능 프로그램을 실시간으로 시청한다. 한국의 패션과 화장품, 음식, 전자 제품, 언어까지 한국과 관련한 모든 문화는 마카오에서 핫 트렌드로 자리 잡았다. 타이완이나 일본과 달리 마카오에는 혐한 세력이 없어 어디를 가든 마카오 사람들은 환한 미소로 "안녕하세요"라고 인사하며 한국인을 반긴다.

5 합리적인 금액으로 누리는 호캉스

베니스의 운하와 파리의 에펠 타워를 모두 품은 마카오의 호텔들은 단순히 잠을 자는 숙소가 아니라 짜릿한 놀이 공간이라 해도 과언이 아니다. 숙박료 또한 다른 도시에 비해 합리적이다. 호텔 투숙 자체를 목적으로 마카오를 찾는 여행객이 생겨날 정도다. 그만큼 마카오는 도심 속 호캉스 여행지로 최상의 조건을 갖췄다.

6 출사 여행지로 제격

코타이 스트립을 제외하면 마카오는 여전히 옛 풍경 속에 자리한다. 개발이 더딘 마카오반도와 타이파, 콜로안은 마카오의 과거 모습을 간직하고 있다. 낡은 건물과 오래된 골목을 거니는 것만으로도 옛날을 경험해보는 듯한 묘한 기분에 빠지게 된다. 거리 자체가 거대한 스튜디오라고 할 수 있을 만큼 애써 구도를 맞추지 않아도 인생 사진을 건질 수 있다.

7 교통비 걱정 없는 여행

마카오의 호텔 셔틀버스는 마카오반도와 코타이 스트립의 주요 지점을 오가며 호텔 이용객들을 실어 나른다. 대개 호텔 투숙객이 아니어도 누구나 이용할 수 있어 시내버스보다 더 유용하다. 게다가 무료로 탑승할 수 있어 교통비를 절감할 수 있다는 점에서 다른 도시보다 경제적인 여행이 가능하다.

이곳만은 반드시!
마카오 필수 여행지

대부분 여행객은 2박 정도의 짧은 일정으로 마카오를 찾는다. 하지만 일정이 짧다고 해서 대충 훑어보기엔
마카오는 볼거리가 넘쳐나는 여행지다. 수많은 볼거리 가운데 우선순위에 놓아야 할 코스 7곳을 먼저 만나보자.

놓치지 말자!
마카오 버킷리스트

완전히 다른 2개의 문화가 오랜 세월 공존해온 곳인 만큼 마카오를 즐기는 방법은 천차만별이다. 낮보다 화려한 밤, 시간이 멈춘 도시, 새로운 맛의 세계 등 수식어마저 다양한 마카오의 각양각색 매력을 만끽해보자.

01

02 03

마카오의 어제와 오늘 훑어보기
마카오 역사

마카오라는 이름의 유래

1553년 당시 세계 최고의 해상 강국이던 포르투갈은 명나라의 골칫거리인 해적을 소탕해주고 그 대가로 마카오 체류권을 획득하더니 급기야 아편 전쟁 이후 무력으로 통치권까지 뺏고 만다. 마카오라는 지명은 이 시절 아마 사원 인근에 정착했던 포르투갈인들에 의해 생겨난 것이다. '아마 사원'의 현지 발음인 '마 꼭 마우'를 '마카오'라고 발음하면서 자연스럽게 지명으로 굳어진 것. 표기는 포르투갈식인 'Macau'가 맞지만 영어 표기 'Macao'를 사용할 때도 많다.

"

450여 년의 포르투갈 통치는 오늘날의 마카오를 이해함에 있어 반드시 짚고 넘어가야 할 부분이다.
문화와 언어, 음식, 교통 시스템 등 마카오 사람들의 생활 곳곳 아직 포르투갈의 흔적이 깊게 남았기 때문이다.
그렇다면 지금의 마카오는 어떤 모습일까? 마카오의 어제와 오늘을 정리해보았다.

"

446년간의 흥망성쇠

16세기부터 18세기까지 200년이 넘는 기간 동안 마카오는 유럽과 아시아의 교두보로서 번영과 부를 누렸다. 그러나 19세기 들어 영국의 식민지 홍콩이 힘을 확장하면서 마카오는 아시아 최고의 무역항 자리를 홍콩에 내주게 되었다. 그리고 산업 혁명 시기 포르투갈의 국력이 약해지며 마카오 역시 침체기에 접어들었다. 이를 틈타 중국이 마카오 탈환을 노리기 시작했지만, 포르투갈의 지배는 약 100년 가까이 계속 된다. 그동안 세계 대전을 비롯한 굵직한 사건을 거치며 포르투갈이 중국의 주권을 점점 인정하기 시작했고, 마침내 1999년 12월 20일 마카오는 기나긴 포르투갈의 통치를 끝내고 중국의 품으로 돌아간다. 이때를 전환점으로 국제적인 관광도시로의 변신을 시작한다. 마카오의 거리 곳곳 낡고 해진 건물과 도로는 일부러 이렇게 꾸민 것이 아닌 19세기에 도시의 발전이 멈추면서 자연스럽게 생겨난 것이다. 그리고 이런 빈티지한 풍경이 이제는 전 세계 수많은 여행자를 마카오로 불러들이는 요인이 되고 있다. 현재 마카오시 정부는 세나도 광장 인근과 타이파 빌리지, 콜로안 빌리지 등을 보존해야 할 역사 지구로 선정해 개발을 제한하고 있다. 쇠락의 흔적이 이제는 영원히 간직해야 할 소중한 문화유산이 되었다는 점이 흥미롭다.

마카오의 오늘과 미래

1999년 중국 반환 이후 마카오는 외국인 방문자 수 세계 10위 안에 드는 관광 선진 도시이자 GNI 기준 세계 4위라는 엄청난 규모의 도시가 되었다. 10여 년 전만 해도 같은 중국의 특별행정구인 홍콩에게조차 무시를 받았지만 이제는 중국에서 가장 활기찬 도시로 성장하며 반전의 주인공이 된 것이다. 하루가 다르게 새로운 건물을 짓고 바다를 매립해 면적을 넓혀가는 마카오, 이 도시의 눈부신 발전은 앞으로도 계속될 것이다.

마카오 호텔 가이드

마카오 구역별
숙소 특징

────────◆────────

호텔 투숙 자체가 여행의 목적이 되는 곳인 만큼 호텔 선별은 마카오 여행 준비에서 무엇보다 우선적으로 고려해야 할 사항이다. 하지만 금액 대비 훌륭한 시설을 갖춘 호텔이 많고 또 대부분의 호텔이 촘촘히 모여 있어 타 도시에 비해 호텔 선별도 수월한 편이다.

마카오 국제공항이 코타이 스트립에 있지만 마카오반도에서 오가기에도 그리 먼 거리가 아니다. 더불어 홍콩을 오가는 페리 터미널도 마카오반도와 코타이 스트립 두 곳에 모두 위치한다. 따라서 호텔 선별에서 공항이나 페리 터미널의 위치는 크게 고려하지 않아도 된다.

마카오반도	코타이 스트립

위치 및 특징

마카오반도는 마카오의 구시가지다. 따라서 세나도 광장이나 성 바울 성당 유적 같은 식민 시절의 유적들과 세계문화유산을 탐방하고 싶다면 마카오반도 내 호텔을 이용하는 게 편리하다. 다만 신규 호텔 대부분이 코타이 스트립에 들어서는 만큼 호캉스에 큰 기대를 안고 있다면 마카오반도 쪽 호텔보다 코타이 스트립으로 가는 편이 좋다.

위치 및 특징

오늘날 '마카오=특급호텔' 이라는 공식이 생긴 것은 어디까지나 코타이 스트립 덕분이다. 협소한 지역에 호텔 대부분이 모여 있어 어떤 호텔을 이용하든 위치는 비슷비슷하다. 각 호텔의 무료 셔틀버스를 이용하면 마카오반도까지도 20분 내외로 오갈 수 있어 교통을 기준으로 본다 해도 편리하다. 따라서 부담 없는 금액으로 특급 호텔 서비스를 맘껏 누리고 싶다면 고민의 여지 없이 코타이 스트립의 호텔을 선택하면 된다.

주변 명소

- 세나도 광장
- 성 바울 성당 유적
- 마카오 타워

주변 명소

- 코타이 스트립 내 특급 호텔 단지
- 타이파 빌리지

추천 숙소

- 소피텔 마카오 앳 폰테 16
  Sofitel Macau at Ponte 16 P.046
- 하버뷰 호텔
  Harbourview Hotel P.047
- 그랜드 라파 마카오
  Grand Lapa Macau
- MGM 마카오
  MGM Macau P.042
- 윈 마카오
  Wynn Macau P.039
- 만다린 오리엔탈 마카오
  Mandarin Oriental Macau

추천 숙소

- 쉐라톤 그랜드 마카오 코타이 스트립
  Sheraton Grand Macao Cotai Strip P.045
- 시티 오브 드림즈
  City of Dreams P.040
- 파리지앵 마카오
  The Parisian Macao P.056
- 갤럭시 마카오
  Galaxy Macau P.043
- 세인트 레지스 마카오 코타이 스트립
  The St. Regis Macao Cotai Strip P.049
- 윈 팰리스
  Wynn Palace P.050
- 베네시안 마카오
  The Venetian Macau P.055

①마카오반도

- 성 바울 성당 유적
- 마카오 페리 터미널
- 세나도 광장
- 그랜드 라파 마카오
- 하버뷰 호텔 마카오
- 윈 마카오
- MGM 마카오

소피텔 마카오 앳 폰테 16

- 마카오 타워

- 타이파 페리 터미널
- 마카오 국제공항

✈

②코타이 스트립

- 시티 오브 드림즈
- 타이파 빌리지
- 윈 팰리스
- 갤럭시 마카오
- 더 런더너 마카오
- 베네시안 마카오
- 세인트 레지스 마카오 코타이 스트립
- 파리지앵 마카오
- 쉐라톤 그랜드 마카오 코타이 스트립

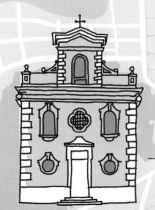

- 성 프란치스코 하비에르 성당

내게 맞는 숙소를 찾기 위한
마카오 숙소 십계명

01 숙소 선택의 첫째 기준은 시내 접근성

시설에 비해 요금이 저렴하다면 외곽에 있을 가능성이 높다. 호텔에서 주요 관광지까지 도보 이동이 가능한지부터 확인한다. 마카오반도에서는 세나도 광장 인근 숙소를 가장 추천하고, 코타이 스트립의 호텔은 그 자체로 하나의 관광 단지이기 때문에 샌즈 코타이 센트럴, 시티 오브 드림즈를 비롯한 대형 호텔 단지 내 숙소를 선택하는 편이 좋다.

02 호텔 등급에 따른 숙박비 차이

시내 중심가의 비즈니스 호텔은 비수기 기준 1박에 10만 원 안팎이다. 5성급 이상은 25만 원가량이다. 10만 원대 호텔이라 해도 다른 도시의 비즈니스 호텔과 비교할 때 시설이 더 쾌적하다. 객실은 2인 1실 기준이라 혼자 여행한다면 호스텔이나 한인 민박도 고려해볼 만하다. 2만~5만 원대로 숙박료가 저렴할 뿐 아니라 전 세계에서 모인 다양한 사람들과 친분을 쌓을 수 있다. 호텔 숙박료는 계절과 요일 등에 따라 편차가 크다는 점도 참고하자.

04 숙소 예약 사이트

호텔 가격 비교 사이트
- 호텔스컴바인 hotelscombined.co.kr
- 트리바고 trivago.co.kr

OTA 호텔 예약 업체
- 아고다 agoda.com
- 부킹컴 booking.com
- 호텔스닷컴 kr.hotels.com

03 숙소 예약 방법

여행사 및 호텔 예약 사이트나 호텔 공식 홈페이지에서 예약할 수 있다. 플랫폼마다 할인 혜택과 이벤트가 다양해 같은 호텔이라도 시간과 혜택에 따라 요금이 달라지니 꼼꼼히 비교해보자. 숙소 종류와 조식 여부에 따라서도 요금이 달라진다. 만약 다른 사이트에서는 모두 만실인 호텔이 유독 한 곳에서만 예약 가능으로 뜬다면 대기 예약일 수 있으니 결제 전 전화로 확인해보는 편이 좋다. 예약 시 최저가는 대부분 환불 불가 조건이라는 점, 해외 OTA 업체의 경우 환불과 변경이 쉽지 않다는 점도 유의해야 한다.

05 최저가 예약의 '꼼수'

호텔 예약 사이트가 공개하는 금액은 간혹 세금 미포함인 경우가 있다. 정확한 금액 확인을 원한다면 결제 직전까지 가보는 편이 좋다. 단순 금액 비교보다는 본인이 가입한 예약 사이트의 회원 포인트나 신용카드 할인 혜택도 잘 따져봐야 한다. 또한 대부분의 호텔 예약 사이트는 특정 호텔을 한 번만 조회해도 검색 기록이 남아 이후 검색 시 신규 요금을 보여주지 않기 때문에, 여러 번 검색한 호텔이라면 요금 조회 전 인터넷 쿠키 기록을 삭제하는 것이 중요하다.

호텔은 잠만 자는 곳일까? 적어도 도시 여행에서 숙소는 여행의 성공 여부를 결정하는 가장 중요한 요소다. 숙소를 결정했다면 여행 준비의 절반이 완성된 것. 그만큼 중요한 숙소 결정을 돕기 위해 위치와 요금을 고려한 호텔 결정법부터 호텔 기본 이용법까지 모두 공개한다. 한번 알아두면 어디서든 유용한 정보인 만큼 꼼꼼히 체크해두자.

이용자 후기를 살피자

호텔 예약 사이트가 공개하는 수많은 호텔 가운데 어떤 걸 먼저 봐야 할지 난감하다면 이용자 후기가 많고 평이 좋은 호텔 위주로 찾아보면 된다. 구글이나 블로그에서 이용자가 실제 촬영한 사진을 확인하는 것도 중요하다. 호텔은 무엇보다 위치가 중요한 만큼 구글 지도를 통해 호텔과 주요 관광지와의 거리를 확인하는 것은 호텔 선택의 필수 코스 중 하나다.

호텔 예치금에 놀라지 말자

마카오의 모든 호텔은 체크인 시 투숙객에게 예치금(Deposit)을 받는다. 보통 신용카드로 MOP500가량을 선결제하며 호텔 내 기물을 파손하거나 미니 바를 이용하지 않았다면 체크아웃 시 자동으로 결제가 취소된다. 환불은 신용카드 결제일에 따라 한 달 이상 걸리기도 한다.

체크인·체크아웃 시간 엄수는 기본

호텔 체크인 시 객실이 미리 준비되었다면 예정 시간보다 먼저 도착해도 입실할 수 있다. 객실 준비가 덜 되었다면 입실은 어렵고 프런트에 짐 정도는 맡길 수 있다. 체크아웃은 예정 시간을 넘기면 추가 요금이 발생한다. 퇴실이 늦어질 것 같으면 사전에 레이트 체크아웃을 신청해야 한다. 일반적으로 레이트 체크아웃 추가 요금은 하루 숙박료의 절반가량이다.

객실 배정은 체크인 시에 확정

호텔 예약 시에는 객실 확보만 가능할 뿐 묵을 숙소의 층수나 호수는 체크인 시 결정된다. 금연층 등 특별히 원하는 사항이 있다면 호텔 예약 시 비고란에 적으면 되지만 100% 확정은 아니라는 점을 기억하자.

퇴실 시 꼼꼼한 객실 확인은 필수

객실에 귀중품을 놓고 한국에 돌아왔다면 호텔에 전화해 국제 우편을 요청할 수 있다. 하지만 소요시간이 길고 배송비도 비싸다. 놓고 온 물건이 현금이나 신분증이 든 지갑이라면 배송 자체가 불가해 다시 마카오에 가야 한다. 그러니 체크아웃 전 객실을 잘 살피자. 특히 금고는 눈에 잘 띄지 않아 놓치기 쉬우니 꼼꼼히 확인하자.

오감이 즐거운
어트랙션 호텔

마카오에서 호텔은 숙소를 넘어 하나의 테마파크다. 호텔마다 경쟁이라도 하듯
화려한 공연과 짜릿한 어트랙션을 선보인다. 이 중에는 무료 시설도 많아 이용하는 데 부담이 적다.
호텔 천국 마카오를 제대로 누리는 방법을 소개한다.

윈 마카오
Wynn Macau

라스베이거스를 대표하는 윈 호텔 체인이 오리지널과 똑같은 모습으로 마카오반도에 들어섰다. 황금색으로 치장한 외관은 물론 건물 앞 분수까지, 곳곳에 걸린 간판 속 글씨가 한자라는 것만 빼면 라스베이거스 건물과 쌍둥이 같다. 코타이 스트립 내 새로운 호텔에 비해 다소 낡은 느낌은 있지만 그럼에도 역사와 전통을 자랑하는 곳으로서 마카오의 대표 호텔로 불리고 있다.

$ 비수기 약 45만 원~ / 성수기 약 65만 원~ ☆ 마카오 페리 터미널에서 셔틀버스 이용 시 10분, 마카오 국제공항에서 윈 팰리스행 셔틀버스 이용 15분, 윈 팰리스에서 윈 마카오행 셔틀버스로 10분 ♀ Rua Cidade De Sintra, Nape, Macau ☎ +853 2888 9966 ♠ wynnresortsmacau.com

번영의 나무·행운의 용
Tree of Prosperity·Dragon of Fortune

윈 마카오는 마카오가 오늘날과 같은 호텔의 각축장이 되기 훨씬 전부터 무료 공연을 시작했다. 커다란 원형무대에서 황금으로 뒤덮인 3.7m 높이의 용이 올라와 포효하고, 같은 자리에서 10만여 개의 잎을 단 나무가 솟아오른다.

♀ 호텔 로비 ⏰ 10:00~24:00, 매시 정각과 30분에 한 번씩 두 공연 교차 진행(약 5분 소요)

분수 쇼 Performance Lake

호텔 밖에서는 잔잔한 호수에서 순간적으로 300만 L의 물이 300개의 노즐을 통해 하늘로 솟구쳐 오르며 춤을 춘다. 전반적으로 다소 촌스럽고 중국색이 짙다는 평이 있지만, 그럼에도 마카오에 왔다면 한 번은 봐야 할 공연으로 통한다.

♀ 호텔 앞 인공 호수 ⏰ 일~금 11:00~21:45, 토·공휴일 11:00~22:45, 15분 간격(약 3분 소요)

시티 오브 드림즈
City of Dreams

코타이 스트립에 최초로 등장한 거대 호텔 단지로 4개의 특급 호텔이 들어섰다. 그 4개의 호텔은 식당가와 엔터테인먼트 시설을 공유하는데 호텔 단지 안에서 길을 잃을 수 있을 만큼 규모가 크다. 개장 초기부터 〈태양의 서커스 자이아(Zaia)〉를 선보이며 공연 문화에도 앞장서 왔는데 그 바통을 이어받은 〈하우스 오브 댄싱 워터〉가 수년째 마카오의 명물 공연으로 불리고 있다.

$ 비수기 약 45만 원~ / 성수기 약 65만 원~ **⚑** 타이파 페리 터미널 또는 마카오 국제공항에서 셔틀버스 이용 시 10분 **📍** Estrada do Istmo, Cotai, Macau **📞** +853 8868 6688
🏠 wynnresortsmacau.com

하우스 오브 댄싱 워터
House of Dancing Water

물 위에서 자유자재로 움직이는 무희들과 화려한 조명, 웅장한 음악이 어우러진 초대형 워터 쇼로 본 공연을 위해 무려 5년의 준비 기간과 2억 5천만 달러의 자본이 투입되었다. 제작 당시 눈덩이처럼 불어난 예산으로 인해 공연의 성공을 장담하는 이가 많지 않았지만, 결과적으로 오늘날 마카오에서 경험해야 할 단 하나의 공연이라는 찬사를 받으며 연일 매진 사례를 기록 중이다. 태양의 서커스 시리즈를 통해 공연의 신이라는 별칭을 얻은 프랑코 드라고네(Franco Dragone)가 기획, 감독한 작품으로 직접 보지 않고는 가늠할 수 없는 마술 같은 무대가 펼쳐진다.

🕐 17:00, 20:00(목~월, 하루 2회), 약 2시간 소요
$ VIP석 MOP1,498, A석 MOP998, B석 MOP798, C석 MOP598

★ 하우스 오브 댄싱워터 공연은 팬데믹 이후 현재 중단 상태이며 2024년 연말 공연 재개를 목표로 하고 있다.

클럽 파라 Club Para

오랫동안 사랑받았던 클럽 큐빅이 문을 닫고 2022년 새롭게 문을 연 클럽이다. 850평에 이르는 초대형 클럽으로 라이브 엔터테인먼트 공간과 5개의 VIP룸, 댄스 풀 및 고딕 스타일의 바를 갖추었다. 아시아 각국의 유명 디제이들이 릴레이로 초대되어 연일 흥겨운 파티의 밤을 만든다. 18세 이상만 출입이 가능하며 반드시 여권을 지참해야 한다. 내부 촬영은 엄격히 금지하며 촬영 적발 시 벌금을 내야 한다.

🕐 21:00~06:00 $ 일~금·토 24:00 전 무료 입장, 금·토 24:00 이후 MOP250, 이벤트에 따라 금액 변동 있음

©Para Club

©Para Club

©Para Club

MGM 마카오
MGM Macau

윈 마카오와 함께 오랜 세월 카지노의 도시 마카오의 상징으로 군림해온 호텔로서 마카오 내 다른 호텔과 마찬가지로 대부호 스탠리 호의 소유다. 우리에겐 사자가 포효하는 할리우드 영화사의 로고로도 친숙하다. 파도가 치는 듯 곡선미를 강조한 건물 외벽과 더불어 로비 곳곳 전시된 데일 치훌리와 살바도르 달리의 작품이 여행자들의 시선을 사로잡는다.

$ 비수기 약 45만 원~ / 성수기 약 70만 원~ **⚡** 타이파 페리 터미널 또는 마카오 국제공항에서 셔틀버스 이용 시 20분 **♀** Avenida Dr. Sun Yat Sen, Nape, Macau **📞** +853 8802 8888 **🏠** mgm.mo

그란데 프라사 Grande Praça

MGM 마카오 호텔 내 포르투갈 리스본의 중앙역을 재현한 실내 광장 그랜드 프라사는 온통 크리스털로 만든 거대한 조형물들의 조화가 압권이다. 꽃과 나비, 물방울, 인어, 공룡 등이 한데 어우러져 꿈속을 거니는 듯 초현실적인 분위기를 자아낸다.

♀ 호텔 실내 광장 **🕐** 24시간 **$** 무료

갤럭시 마카오
Galaxy Macau

오쿠라, 반얀트리, 리츠칼튼 등 무려 8개의 호텔이 모인 초대형 호텔 단지다. 코타이 스트립 내 다른 호텔에 비해 위치가 살짝 떨어져 있고 엔터테인먼트 요소도 약하다는 점이 아쉽지만, 그럼에도 대형 워터 파크가 있어 가족 여행객이나 커플 여행객들의 사랑을 한 몸에 받는다.

$ 비수기 약 25만 원~ / 성수기 약 50만 원~ ✦ 타이파 페리 터미널 또는 마카오 국제공항에서 셔틀버스 이용 시 10분 ♀ Avenida Dr. Sun Yat Sen, Nape, Macau ☎ +853 8802 8888 ⌂ mgm.mo

그랜드 리조트 덱 Grand Resort Deck

마카오에서 손에 꼽을 만큼 거대한 워터 파크다. 150m 너비의 백사장과 575m 길이의 투명한 튜브 안을 질주하는 스카이톱 아쿠아틱 어드밴처 리버 라이드, 세계에서 가장 큰 인공 파도 풀 스카이톱 웨이브 풀 등 짜릿한 어트랙션이 가득하다. 어린이 동반 가족 여행객에게 추천할 만하다.

♀ 호텔 수영장 ① 10:30~18:30, 6월 17일~8월 31일 10:00~19:00
$ 투숙객 무료, 비투숙객 원데이 패스 MOP848~

행운의 다이아몬드 쇼 Fortune Diamond

웅장한 사운드와 함께 푸른색 조명이 켜지면 커다란 원형 무대 위로 엄청난 양의 물줄기를 쏟아내는 분수가 솟아오르고 그 가운데 반짝이는 다이아몬드가 모습을 드러낸다. 윈 마카오의 행운의 용 쇼와 비슷한 느낌으로 거대한 폭포수를 실내에서 본다는 것만으로도 청량감이 느껴진다.

♀ 호텔 로비 ① 10:00~24:00, 토·일·공휴일 10:00~익일 02:00 (20~30분 간격)

하루 10만 원 내외
중저가 호텔

다른 도시라면 최소한의 시설만 갖춘 비즈니스 호텔을 이용해야 하지만 마카오에선
같은 금액으로도 세계적인 호텔 체인을 만끽할 수 있다. 금액과 더불어 위치, 시설 등 모든 면에서
만족도가 높아 합리적인 여행을 추구하는 사람들에게 어울리는 호텔들을 소개한다.

쉐라톤 그랜드 마카오 코타이 스트립
Sheraton Grand Macao Cotai Strip

호텔 선택에서 위치를 최우선으로 본다면 마카오반도보다 코타이 스트립 쪽 호텔을 선택하는 편이 좋다. 최근에 개발된 지역으로 대부분의 호텔이 말끔하며 무료 호텔 셔틀버스를 이용하기에도 용이하다. 이러한 코타이 스트립에서 가장 저렴한 호텔 중 하나가 바로 쉐라톤 그랜드 마카오 코타이 스트립이다. 객실 수가 무려 4,000여 개에 달해 극성수기에도 만실이 될 가능성은 거의 없다. 샌즈 코타이 센트럴 단지 내 호텔로서 식당, 쇼핑 등 편의 시설도 탄탄하다.

$ 비수기 약 13만 원~ / 성수기 약 20만 원~ **↟** 마카오 국제공항 또는 타이파 페리 터미널에서 무료 셔틀버스 이용 약 10분 **◉** S/N, Estrada do Istmo, Cotai **☏** +853 2880 2000 **⌂** marriott.com

리스보에타 마카오
Lisboeta Macau

2023년 오픈한 신규 호텔 단지에 리스보에타 호텔, 카사 데 아미고, 메종 록시땅 3개의 호텔이 들어섰는데 이 중 리스보에타 호텔이 가장 저렴하다. 화려함을 앞세운 다른 호텔에 비해 딱 떨어지는 깔끔함을 강조해 젊은 여행객에게 사랑받는 중이다. 코타이 스트립 중심 거리에서 도보 20분 거리라 이동이 다소 불편하지만, 극성수기만 아니라면 숙박비가 하루에 15만 원 내외라는 점이 매력적이다. 카사 데 아미고는 객실을 라인 프렌즈 캐릭터들로 꾸며 어린이 동반 가족 여행객에게 어울리고, 메종 록시땅은 이름처럼 어메니티로 록시땅을 사용해 여성 여행객들에게 추천할 만하다.

$ 비수기 약 15만 원~ / 성수기 약 20만 원~ 🏃 마카오 국제공항 또는 타이파 페리 터미널에서 셔틀버스 이용 시 약 10분 📍 R. da Patinagem, Cotai 📞 +853 8882 6888 🏠 lisboetamacau.com/en/hotel

소피텔 마카오 앳 폰테 16
Sofitel Macau at Fonte 16

마카오반도 내 호텔은 대부분 금액이 비싼 호텔이거나 낡고 오래된 호텔이다. 코타이 스트립 내 4성급 호텔들처럼 적정 수준을 찾는다면 선택 가능한 거의 유일한 호텔이 바로 소피텔 마카오 앳 폰테 16이다. 내부 시설이나 금액 등 많은 부분에서 쉐라톤 그랜드 마카오 코타이 스트립과 비슷한 수준이다. 거대 호텔 단지를 형성한 것은 아니지만 레스토랑, 스파 등 편의 시설을 잘 갖춰 불편한 점을 찾기 힘들다. 마카오 여행의 목적을 세계문화유산 탐방에 둔다면 위치적으로 가장 추천할 만한 호텔이다.

$ 비수기 약 12만 원~ / 성수기 약 20만 원~ 🏃 마카오 페리 터미널에서 무료 셔틀버스 이용 시 약 20분 📍 Rua do Visconde Paco de Arcos, Macau 📞 +853 8861 0016 🏠 sofitelmacau.com

하버뷰 호텔
Harbourview Hotel

마카오를 통틀어 가장 저렴한 호텔 중 하나지만 깔끔한 시설을 자랑한다. 유럽의 대저택이 떠오르는 인테리어, 널찍한 수영장, 욕실에 구비된 록시땅(L'OCCITANE) 어메니티 등을 생각하면 일박에 최저 10만 원이라는 금액이 믿기지 않는다. 마카오반도의 구심점인 세나도 광장까지 도보 이동이 불가하다는 점이 아쉽지만, 택시를 이용하면 10분 거리라 그리 불편한 수준은 아니다. 마카오 페리 터미널에서 1km 거리라 호텔 투숙 후 바로 홍콩으로 넘어가는 여행객이라면 이동 면에서도 매우 편리하다.

$ 비수기 약 10만 원~ / 성수기 약 19만 원~ 🏃 마카오 페리 터미널에서 무료 셔틀버스 이용 시 약 3분, 도보 약 10분 📍 Av. Dr. Sun Yat-Sen, Macau
📞 +853 8799 6688 🏠 harbourviewhotelmacau.com

여행의 품격을 높여주는
럭셔리 호텔

◆

첨단 시설이 들어선 객실에서 휴식을 취하고 유명 셰프가 준비한 요리를 맛보는 것,
여행보다 휴식에 무게를 두는 사람이라면 이러한 조건이 잘 갖춰진 럭셔리 호텔을 선호하기 마련이다.
특급 호텔마저도 다른 도시에 비해 금액 부담이 적은 마카오에서 꿈꾸던 '여행의 사치'를 누려보자.

세인트 레지스 마카오 코타이 스트립
The St. Regis Macao Cotai Strip

마카오의 특급 호텔들이 하나같이 황금으로 장식된 화려한 내부 시설을 자랑할 때 모던함과 심플함을 강조하며 편안한 휴식을 원하는 여행객들에게 어필해온 호텔이다. 고객이 호텔에 머무는 모든 순간 전용 버틀러가 따라붙는데, 버틀러 얼굴을 보지 않고도 부담 없이 서비스를 이용할 수 있도록 객실과 복도를 연결하는 특별 공간까지 마련하는 등 세심함이 돋보인다. 세인트 레지스만의 전매특허 칵테일 블러디 메리(Bloody Marry)를 판매하는 세인트 레지스 바(The St. Regis Bar)가 이 호텔에 들어서 있다.

$ 비수기 약 25만 원~ / 성수기 약 50만 원~ **🚶** 마카오 국제공항 또는 타이파 페리 터미널에서 무료 셔틀버스 이용 시 약 10분 **📍** S/N, Estrada do Istmo, Cotai **📞** +853 2882 8898 **🏠** londonermacao.com/hotels/st-regis-macao.html

윈 팰리스
Wynn Palace

라스베이거스에서 맹위를 떨치고 있는 특급 호텔 윈의 마카오 브랜치 중 하나다. 10년이 넘도록 여행자들의 사랑을 받아온 윈 마카오에 이어 2016년 코타이 스트립에 새롭게 오픈했는데 도시의 밤을 화려하게 밝히는 분수 쇼(Performance Lake)나 짜릿함을 만끽하는 케이블카 스카이 캡(Sky Cab) 등 각종 어트랙션을 무료로 개방해 찬사를 받고 있다. 널찍한 객실과 특별 설계된 편안한 침대, 분수 쇼가 보이는 객실 전망 등 〈포브스 트래블 가이드(Forbes Travel Guide)〉로부터 별 5개를 따낸 특별한 서비스를 누릴 수 있다.

$ 비수기 약 25만 원~ / 성수기 약 40만 원~
🚶 마카오 국제공항 또는 타이파 페리 터미널에서 무료 셔틀버스 이용 시 약 15분 📍 MO Avenida Da Nave Desportiva, Cotai 📞 +853 8889 8889
🏠 wynnpalace.com

MGM 코타이
MGM Cotai

마카오반도에 위치한 MGM 마카오의 코타이 스트립 지점으로 2018년 1월에 문을 열었다. 전 세계 아티스트들이 제작한 포효하는 사자상을 비롯 호텔 곳곳에 걸린 300여 점의 현대미술 작품 덕에 로비를 거니는 것만으로도 갤러리에 들어온 듯한 착각을 불러일으킨다. 터치스크린으로 컨트롤하는 객실 내 장치들이나 무료로 제공하는 미니바 등 고객 감동을 위한 깨알 같은 서비스가 돋보인다. 오픈한 지 얼마 안 된 만큼 프로모션을 자주 실시해 잘만 활용하면 파격가로 이 놀라운 호텔을 이용할 수 있다.

$ 비수기 약 25만 원~ / 성수기 약 40만 원~
🚶 마카오 국제공항 또는 타이파 페리 터미널에서 무료 셔틀버스 이용 시 약 15분 📍 Av. da Nave Des portiva, Cotaii 📞 +853 8806 8888
🏠 mgm.mo

리츠칼튼 마카오
The Ritz-Carlton Macau

갤럭시 마카오 단지에서 가장 높은 층을 차지하는 5성급 호텔로 254개의 객실이 모두 스위트룸이다. 마카오 내 다른 특급 호텔의 두 배가 넘는 객실 사이즈나 최고급 대리석으로 꾸민 욕실, 모든 고객을 VIP로 모시기 위해 건물 내 51층에 특별히 마련한 로비 등 여러 면에서 마카오 최고를 지향한다. 리츠칼튼이 낳은 세계적인 스파 브랜드 ESPA, 미쉐린 원스타에 빛나는 중식당 라이힌(Lai Heen) 등 편의 시설 또한 호텔의 남다른 품격에 한몫을 한다.

$ 비수기 약 50만 원~ / 성수기 약 100만 원~ ⚡ 마카오 국제공항 또는 타이파 페리 터미널에서 무료 셔틀버스 이용 시 약 15분 📍 Av. Marginal Flor de Lotus, Cotai
📞 +853 8886 6868 🏠 galaxymacau.com/hotels/the-ritz-carlton

호텔 자체가 여행의 목적
콘셉트 호텔

◆

호텔은 잠을 자는 공간이라는 공식에서 탈피해 호텔 자체가 여행의 목적이 되는 호텔들이 있다.
여행 마니아가 아닌 호텔 마니아가 생겨날 만큼 디자인과 콘셉트 역시 호텔 선택의 중요한 조건으로
떠오르고 있다. 상상력을 극대화한 마카오만의 특별한 호텔을 만나보자.

모르페우스
Morpheus

마카오 호텔의 혁신을 가장 극명하게 보여주는 모르페우스. 동대문의 DDP 설계로 우리에게도 친숙한 자하 하디드(Zaha Hadid)가 총감독한 이 호텔의 콘셉트는 현실과 이상의 공존이다. 건물 전체를 휘감은 콘크리트 띠는 멀리서 보면 새장을 연상케 한다. 촘촘하게 만든 유리창을 통해 다양한 각도에서 빛이 들어오는 호텔 로비와 내부에 세워진 카우스(KAWS)의 초대형 조형물은 미래 세계를 보여주는 듯하다. 알랭 뒤카스(Alain Ducasse)와 피에르 에르메(Pierre Herme)의 레스토랑과 피터 레메디오스(Peter Remedios)가 설계한 풀 빌라까지, 이 호텔을 선택해야 하는 이유가 곳곳에 넘쳐난다.

$ 비수기 약 35만 원~ / 성수기 약 60만 원~ **🏃** 마카오 국제공항 또는 타이파 페리 터미널에서 무료 셔틀버스 이용 시 약 10분 **📍** Estrada do Istmo, Cotai **📞** +853 8868 8888 **🏠** cityof dreamsmacau.com/en/stay/morpheus

베네시안 마카오
The Venetian Macao

아시아에서 가장 큰 호텔 1위 자리에 오른 호텔로서 상
암동 월드컵 경기장의 다섯 배가 넘는 엄청난 규모를 자
랑한다. 물의 도시 베네치아를 콘셉트로 꾸민 호텔답게
쇼핑몰 한가운데로 유유히 운하가 흐르고 운하 위로 여
행객을 태운 곤돌라가 지나간다. 사방을 황금색으로 칠
한 그레이트 홀(Great Hall)은 바티칸의 시스티나 성당
을 그대로 옮겨놓은 듯 르네상스풍의 프레스코화가 천
장을 가득 채우고 있다. 모든 객실이 스위트룸으로 객실
사이즈도 넉넉하며 서비스 또한 남다른 외관 못지않게
특별하다.

$ 비수기 약 22만 원~ / 성수기 약 35만 원~ **🚶** 마카오 국제공
항 또는 타이파 페리 터미널에서 무료 셔틀버스 이용 시 약 10분
📍 S/N Estrada da Baia de Nossa Senhora da Esperanca,
Cotai **📞** +853 2882 8888 **🏠** venetianmacao.com

파리지앵 마카오
The Parisian Macao

이름처럼 예술의 도시 파리를 콘셉트로 지은 호텔이다. 오픈 이후 마카오의 새로운 랜드마크 호텔로 떠올랐다. 대로변에 세운 162m 높이의 에펠 타워와 더불어 팔레 가르니에 오페라 극장에서 영감을 받은 호텔 로비까지 낭만의 도시 파리를 그럴싸하게 재연했다. 밤이 되면 에펠 타워를 감싸고 있는 전구가 불을 밝혀 낭만은 배가 된다. 파리의 감성을 그대로 담은 아담한 객실은 군더더기 없이 깔끔하며, 다양한 프랑스 스타일의 디저트가 차려지는 조식 뷔페 또한 다른 호텔에 비해 만족도가 높다. 명성에 비해 투숙 금액이 저렴하다는 점도 장점으로 꼽힌다.

$ 비수기 약 18만 원~ / 성수기 약 28만 원~ 🏃 마카오 국제공항 또는 타이파 페리 터미널에서 무료 셔틀버스 이용 약 15분 📍 Lote 3, Strip, SAR, P.R. China, Estr. do Istmo, Cotai 📞 +853 2882 8833 🏠 parisianmacao.com

---

에펠 전망대
Level 37 Observation Deck

설립 직후부터 베네시안 마카오의 인기를 뛰어넘으며 마카오의 새로운 랜드마크로 각광받고 있다. 높이 162m로 실제 에펠타워의 절반 크기지만 그 위용만큼은 원본 이상이다. 맑은 날 37층 높이의 전망대에 오르면 탁 트인 도시를 360도 파노라마로 감상할 수 있다. 저녁 6시 15분부터 밤 12시까지 매 15분 간격으로 타워를 감싸고 있는 6,600개의 전구가 불을 밝히는 환상적인 일루미네이션 쇼(Eiffel Tower Grand Illumination Show)가 펼쳐진다.

$ 성인 MOP75, 키 140cm 이하 어린이 무료 🕐 12:00~22:00, 마지막 입장 21:15(날씨에 따라 변동 있음)

호텔 로비

파리의 팔레 가르니에 오페라 극장과 베르사유 궁전을 벤치마킹한 곳으로 황금으로 장식한 샹들리에와 프랑스산 대리석으로 꾸민 바닥은 화려함의 극치다. 자크 루이 다비드의 걸작 〈나폴레옹 대관식〉이 실물 크기로 걸려 있어 호텔 로비를 돌아보는 것만으로도 파리의 갤러리에 와 있는 듯한 착각을 불러일으킨다.

스튜디오 시티
Studio City

DC 코믹스가 만들어낸 가상 도시 고담시를 콘셉트로 만든 호텔이다. 밤이 되면 외부에 설치한 조명기기에서 호텔 외벽을 향해 거대한 서치라이트를 발사해 진짜 배트맨이 나타날 것 같은 긴장감마저 감돈다. 만화 속 공간을 구현한 공간답게 호텔 안에는 각종 어트랙션이 넘쳐난다. 따뜻한 물이 나오는 대형 규모의 워터 파크나 숫자 '8' 모양을 그리며 돌아가는 초대형 대관람차 등 호텔 전체가 테마파크라 해도 과언이 아니다. 객실 내부 또한 영화 필름이나 SF 영화 캐릭터로 꾸며 재기발랄하다. 에펠 뷰 객실을 이용하면 객실에서 파리 지앵 마카오의 에펠 타워를 눈높이에서 감상할 수 있다.

$ 비수기 약 15만 원~ / 성수기 약 30만 원~ **✦** 마카오 국제공항 또는 타이파 페리 터미널에서 무료 셔틀버스 이용 시 약 15분 **◉** Estr. do lstm, Cotai **☎** +853 8865 8888 **🏠** www.studiocity-macau.com

골든 릴
Golden Real

130m 상공에서 숫자 8을 그리며 빙글빙글 돌아가는 대관람차.

◷ 월~금 12:00~20:00, 토·일 11:00~21:00 **$** 성인 MOP100, 12세 미만 MOP80

스튜디오 시티 워터 파크
Studio City Water Park

30℃의 따뜻한 물이 나오는 실내외 워터 파크.

◷ 실내 11:45~20:00, 실외 11:00~20:00 **$** 성인 MOP520~, 키 91~109cm 어린이 MOP320~

슈퍼 펀 존
Super Fun Zone

산, 숲, 바다, 우주공간, 우주정거장 5개 테마로 이루어진 어린이 실내 놀이터.

◷ 11:00~20:00(수 휴무) **$** 성인(보호자) MOP100~120, 키 100cm 이상 어린이 MOP180~230

더 런더너 마카오
The Londoner Macao

글로벌 호텔 그룹 샌즈 차이나의 10여 년의 기획 끝에 2023년 마침내 모습을 드러낸 더 런더너 마카오. 오픈과 동시에 전 세계에서 여행객이 몰려들며 어느새 코타이 스트립의 새로운 랜드마크로 자리 잡았다. 마카오가 특급 호텔 비용이 저렴한 도시라고는 하나 런더너 마카오만큼은 예외. 6,000여 개의 객실이 모두 스위트룸일 만큼 초호화 시설을 자랑하고, 호화로운 시설만큼이나 숙박료 역시 마카오 최고 수준이다. 그러나 볼거리, 놀 거리가 가득한 호텔인 만큼 호캉스를 위해 마카오 여행을 계획한다면 1박 정도는 숙박하는 것을 추천한다. 숙박을 하지 않아도 실물 크기로 들어선 빅벤이나 빨간색 2층 버스, 런던 빅토리아역을 모델로 한 출입문에서 사진만 찍어도 마카오 여행에 특별한 하루를 남길 수 있다.

$ 비수기 약 110만 원~ / 성수기 약 170만 원~ **🏃** 마카오 국제공항 또는 타이파 페리터미널에서 무료 셔틀버스 이용 시 약 10분 **📍** Estrada do Istmo. s/n, Cotai **📞** +853 2882 2878 **🏠** londonermacao.com

근위병 교대식
Changing of the Guard

호텔 1층 섀프츠베리 기념 분수 앞에서 펼쳐지는 무료 공연이다. 왕실을 지키는 기마부대의 나팔 소리와 함께 공연이 시작되면 2층 테라스에서 엘리자베스 2세 여왕이 나와 군중을 반긴다. 이어 근위병들이 화려한 군무를 추며 분위기가 고조된다.

📍 호텔 1층 섀프츠베리 기념 분수 앞 **🕐** 19:30, 21:30(화~목), 16:00, 19:30, 21:30(금~일) 약 10분 소요

©Karl Lagerfeld

더 칼 라거펠트
The Karl Lagerfeld

패션계의 거장 칼 라거펠트가 직접 디자인에 참여한 호텔이다. 2023년 6월에 진행된 호텔 오픈식에는 양자경, 지창욱 등 아시아의 스타들이 참여해 디자이너의 명성만큼이나 화려한 쇼가 펼쳐지기도 했다. 모든 곳이 인상적이지만 무엇보다 중국의 황실 문화와 프랑스 베르사유 궁전의 바로크 양식이 오묘하게 어우러진 로비가 가장 압권이다. 호텔 곳곳에 놓인 오브제마다 칼 라거펠트의 섬세한 감각이 돋보인다. 영화 〈그랜드 부다페스트 호텔〉에서 영감을 받은 리셉션, 4,000여 권의 책이 빼곡히 꽂힌 북라운지 등 테마파크에 온 듯 신기한 볼거리가 가득하지만 생각보다 숙박비는 저렴한 편. 평소 패션이나 디자인에 관심이 있다면 마카오 여행에서 가장 먼저 고려해봐야 할 호텔이다.

$ 비수기 30만 원~ / 성수기 45만 원~ **🏃** 마카오 국제공항 또는 타이파 페리터미널에서 호텔 셔틀 이용 시 약 10분 **📍** The Karl Lagerfeld Rua do Tiro, Cotaii **📞** +853 8881 3888 **🏠** thekarllagerfeld.mo

©Karl Lagerfeld

©Karl Lagerfeld

©Karl Lagerfeld

마카오를 가장 멋지게 여행하는 방법

마카오의 소울푸드
마카오 매캐니즈

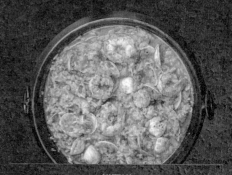

바칼라우 크로켓
Bacalhau 馬介休

소금에 절인 대구살과 삶은 감자를 으깨서 뭉쳐 기름에 튀겨낸 것으로 한국의 김치처럼 포르투갈에서 가장 흔하게 접하는 메뉴다. 바삭한 식감과 짭조름한 맛의 조화가 일품이며 커리 등 향신료를 넣은 스타일도 있다.

해물밥
Arroz de Marisco 葡式燴海鮮飯

향긋한 토마토 퓌레에 밥, 홍합, 새우, 오징어 등을 넣고 죽처럼 푹 끓여낸 것으로, 맛이 담백하고 시원해 한식만 찾는 사람들도 무난히 즐기기 좋다. 어느 식당에서 주문하든 양도 넉넉해 여성 2인이라면 해물밥 하나에 바칼라우 크로켓 정도만 주문해도 충분하다.

아프리칸 치킨
Galinha Africana 非洲雞

우리나라의 양념 치킨과 비슷한 요리로 닭고기를 그릴에 구운 뒤 아프리카산 피리피리 고추 소스에 푹 담가 먹는 방식이다. 식당마다 조리법이 다양한데, 탄두리 치킨처럼 화덕에 굽거나 튀긴 닭을 사용하기도 한다.

커리 크랩
Caril de Caranguejo 咖喱炒蟹

커리 베이스에 코코넛 밀크와 각종 채소, 그리고 베트남산 머드 크랩을 넣어 볶아낸 것으로, 매캐니즈 요리 중 인도의 영향을 가장 많이 받은 메뉴다. 게살을 발라 먹은 뒤 남은 양념 커리에 밥을 쓱쓱 비벼 먹는 것이 별미다.

바지락 볶음
Ameijoas à Bulhão Pato 葡式炒蜆

바지락을 올리브 오일에 볶은 뒤 다진 마늘과 레몬 등을 넣은 국물에 푹 끓여낸 것으로 볶음보다 탕에 가깝다. 기본적으로 레몬이 들어가 새콤한 맛이 특징이지만 조개의 개운하고 시원한 맛도 느껴진다.

> 음식 문화로 한 도시를 정의할 수 있다면, 마카오는 매캐니즈가 그 자리를 차지할 것이다.
> 아프리카와 인도에서 가져온 향신료와 마카오 식재료, 그리고 포르투갈 조리법이 만나 이루어진
> 독특한 음식 문화. 이것이 바로 마카오의 소울푸드 매캐니즈 요리다.

초리조
Chorizo Assado 燒葡國肉腸

이베리아반도에서 나고 자란 돼지로 만든 소시지로 포르투갈 정통 요리에 가깝다. 소시지 위에 불을 붙인 채로 내오는 레스토랑이 많으며 짭조름한 맛 덕에 차가운 맥주와 환상의 궁합을 이룬다.

오리밥
Arroz de Pato 葡式焗鴨飯

오리고기 위에 밥을 얹고 다시 그 위에 베이컨이나 소시지를 올려 구워낸 요리로 특유의 고소하고 담백한 맛 덕에 수많은 여행자가 매캐니즈 중에서 으뜸으로 꼽는다. 고수의 향이 싫다면 주문 시 고수를 빼달라고 하면 된다.

바칼라우 볶음
Bacalhau à Brás 薯絲馬介休

소금에 절인 대구를 지칭하는 바칼라우는 마카오에서 가장 흔하게 접하는 식재료다. 크로켓이 가장 일반적이지만 다진 바칼라우 살에 각종 채소와 달걀을 넣은 볶음 요리도 마카오 사람들의 소울 푸드로 통한다.

오징어 샐러드
Salad de Calamares 八爪魚沙律

뜨거운 물에 삶아낸 오징어에 양파, 올리브, 고추 등을 넣은 후 레몬 드레싱을 뿌린 샐러드다. 쫄깃한 오징어는 우리 입맛에도 익숙해 거부감이 없으며, 레몬의 새콤함 덕에 깊은 풍미가 느껴진다.

왕새우 마늘 구이
Lagostins Grelhados 炭燒大蝦

왕새우의 배를 갈라 마늘과 올리브 오일을 두른 후 구워낸 것으로 진한 마늘 향과 쫄깃한 새우살의 조화가 일품이다. 구운 새우를 그대로 먹는 방식과 그 위에 매콤한 소스를 얹어 먹는 방식 두 가지로 나뉜다.

추천 매캐니즈 레스토랑

- 솔마르 Solmar P.137
- 아 로차 A Lorcha P.140
- 카페 드 노보 토마토
  Café de Novo Tomato P.139
- 카페 응아 팀 Café Nga Tim P.187
- 에스파코 리스보아
  Restaurante Espaco Lisboa P.187

<h2>가장 대중적인 맛의 길잡이</h2>

미쉐린 가이드

전 세계 미식가들의 바이블, 〈미쉐린 가이드〉. 따지고 보면 주관적인 맛의 세계를 다른 사람이
별 몇 개로 평가해놓은 걸 100% 신뢰할 수는 없다. 그럼에도 〈미쉐린 가이드〉는 지금 가장 대중적인
길라잡이이기 때문에, 맹신하기보다 참고하며 사용한다면 입맛에 딱 맞는 현지 맛집들을 찾을 수 있다.
마카오 미쉐린 레스토랑 중 '마카오의 맛'을 제대로 담아낸 식당들을 이곳에 엄선했다.

미쉐린 가이드의 별 평가 기준

★☆☆ **별 1개**	요리의 맛과 서비스 모두 좋은 레스토랑
★★☆ **별 2개**	요리가 훌륭해 멀리 찾아갈 만한 레스토랑
★★★ **별 3개**	요리가 매우 훌륭해 맛을 보기 위해 특별한 여행을 떠날 가치가 있는 레스토랑
👍 Bib Gourmand **빕 구르망**	평균 $40 이하의 합리적인 가격에 훌륭한 음식을 선사하는 친근한 분위기의 레스토랑
◯ The Plate **더 플레이트**	별이나 빕 그루망 정도는 아니지만 추천할 만한 레스토랑

로부숑 오 돔 Robuchon au Dome 天巢法國餐廳 ★★★

그랜드 리스보아 호텔 최상층에 위치한 프렌치 레스
토랑이다. 음식의 맛이 매우 훌륭하고 사방이 통유리
로 되어 있어 전망 또한 완벽하다. 고급 식당답게 최대
출입 인원수를 75명으로 제한해 줄을 설 필요는 없지
만, 빈자리 없이 가득 차기 때문에 근사한 저녁을 즐기
려면 잊지 말고 예약해야 한다.

$ 런치 코스 요리 MOP688~ 🚶 그랜드 리스보아 호텔 43층
📍 43F, Grand Lisboa, Macau 🕐 화~일 런치 12:00~
14:30, 디너 18:30~22:30 📞 +853 8803 7878
🏠 grandlisboahotels.com

제이드 드래곤 Jade Dragon 譽瓏軒 ★★★

마카오의 중국요리 레스토랑 가운데 가장 고급스러운 곳으로 광둥요리의 대가 탐 쿽 펑(Tam Kwok Fung)이 다양한 현대적인 기법을 활용해 새로운 맛의 세계를 보여준다. 각종 약초를 넣고 끓인 수프나 매콤한 칠리 양념을 곁들인 갈비 등 고급 중국요리를 제대로 경험할 수 있다.

$ 딤섬 MOP38~, 런치 세트 MOP780 ✗ 시티 오브 드림스 호텔 단지 2층 ♥ 2F, The Shops at the Boulevard, City of Dreams, Macau ⏰ 런치 12:00~15:00(주문 마감 13:45), 디너 18:00~22:30(주문 마감 21:45) ☎ +853 8868 2822 🏠 cityofdreamsmacau.com

미즈미 Mizumi 泓 ★★☆

마카오에서는 유일하게 〈미쉐린 가이드〉에서 별 2개를 따낸 일식 레스토랑으로 강렬한 붉은색 인테리어가 시각을 자극한다. 미쉐린 별 3개 레스토랑에서만 10년의 경력을 쌓은 셰프 마에다 히로노리의 지휘하에 일본에서 공수해온 최상의 재료로 최고급 일식 요리를 선보인다.

$ 카이세키 MOP1888~, 오마카세 MOP2788~ ✗ 윈 마카오 호텔 로비층 ♥ G/F, Wynn Macau, Macau ⏰ 화~일 17:30~23:00 ☎ +853 8986 3663 🏠 wynnresortsmacau.com

윙레이 Wing Lei 永利軒 ★★☆

윈 호텔 마카오에 위치한 광둥요리 전문점이다. 유명 셰프 챈 탁 쾀(Chan Tak Kwong) 덕에 무려 14년 연속 〈미쉐린 가이드〉에서 별 2개를 따내며 변함없는 품격의 맛을 보여주고 있다. 가벼운 딤섬부터 화려함으로 중무장한 시푸드까지 다양한 광둥요리를 선보인다.

$ 딤섬 MOP62~, 캐비어 돼지고기 바비큐 MOP888 ✗ 윈 마카오 호텔 로비층 ♥ G/F, Wynn Macau, Macau ⏰ 월~토 11:30~15:00, 일·공휴일 10:30~15:30, 디너 18:00~23:00 ☎ +853 8986 3663 🏠 wynnresortsmacau.com

더 키친 The Kitchen 大廚 ★☆☆

그랜드 리스보아 호텔 3층에 위치한 스테이크 전문점
으로 10년 연속 〈미쉐린 가이드〉에서 1성 레스토랑
으로 인정받고 있다. 미국산 프라임 등급이나 호주와
가고시마의 와규 등 최고급 소고기 요리를 선보인다.
1만 7,000여 종에 이르는 와인도 이 집에 품격을 더
한다.

$ 런치 세트 MOP480, 립아이스테이크 MOP800
🚶 그랜드 리스보아 호텔 3층 ♥ 3/F, Grand Lisboa, Macau
🕐 12:00~14:30, 18:30~22:30 📞 +853 8808 7777
🏠 grandlisboahotels.com

지얏힌 JZi Yat Heen 紫逸軒 ★☆☆

오랜 세월 미식가들의 필수 방문 코스로 유명세를 떨
친 광둥식 레스토랑이다. 재료 본연의 맛을 중시해 전
체적으로 담백하고 깔끔한 맛을 자랑한다. 제철 식재
료를 사용해 계절별로 메뉴를 바꾸기 때문에 시그니
처라 할 만한 메뉴는 없지만 그만큼 모든 메뉴가 추천
할 만하다.

$ 딤섬 MOP78~, 새끼돼지바비큐 MOP238 🚶 포시즌스
호텔 마카오 로비층 ♥ S/n MO Estrada Da Baía De N.
Senhora Da Esperança, Cotai 🕐 런치 월·수~토 12:00~
14:30, 일·공휴일 11:30~15:00, 디너 18:00~22:30(화 휴
무) 📞 +853 2881 8881 🏠 ziyatheen.com

청케이 Loja Sopa de Fita Cheong Kei 祥記麵家 P.143 👍 Bib Gourmand

새우알 비빔면으로 유명한 로컬 레스토랑이다. 달걀
반죽으로 빚은 가느다란 국수 위에 새우알을 소복
하게 뿌려주는데 새우알의 짭조름한 맛과 꼬들꼬들
한 면발의 식감이 꽤나 조화롭다. 2017년부터 7년 연
속 〈미쉐린 가이드〉 빕 그루망에 선정된 소문난 맛집
이다.

$ 새우알 비빔면(招牌蝦子撈麵) MOP40, 짜완탕(炸雲呑)
MOP50, 완탕면(雲呑湯麵) MOP40 🚶 펠리시다데 거리에서
도보 약 2분 ♥ 68 R, da Felicidade, Macau
🕐 11:30~21:00 📞 +853 2857 4310

딘타이펑 Din Tai Fung 鼎泰豐

 Bib Gourmand

우리나라에서 딤섬의 대중화를 시작한 딤섬 전문점 체인이다. 마카오에서 운영 중인 두 곳의 체인 중 COD(시티 오브 드림즈) 지점이 빕 그루망에 선정되었다. 광동식이 아닌 상하이식이기 때문에 마카오에서는 좀처럼 접하기 힘든 딤섬 샤오롱바오를 맛볼 수 있다.

$ 송로버섯샤오롱바오(Steamed Black Truffle and Pork Xiaolongbao) MOP192 🏃 시티 오브 드림즈 호텔 단지 2층 📍 2F, SOHO at City of Dreams, Cotai 🕐 12:00~21:00 📞 +853 8868 7348 🏠 cityofdreamsmacau.com

에스파코 리스보아 Restaurante Espaco Lisboa 里斯本本地帶餐廳 P.187

 The Plate

콜로안 빌리지에 위치한 매캐니즈 레스토랑으로 주인장이 포르투갈 출신인 만큼 포르투갈 정통 요리를 선보인다. 2017년부터 7년 연속 〈미쉐린 가이드〉 더 플레이트에 선정되었다. 맥주 안주로 훌륭한 감바스 알 아히요, 바칼라우 크로켓 등이 추천할 만하다.

$ 감바스 알 아히요(Gambas ao Alhinho) MOP128, 바칼라우 크로킷(Bacalhau Cozido) MOP188 🏃 콜로안 빌리지 정류장-1에서 도보 약 1분 📍 8 R. das Gaivotas, Coloane 🕐 목~화 12:00~15:00, 18:30~22:00 📞 +853 2888 2226

룽와 티 하우스 Lung Wah Tea House 龍華茶樓 P.142

The Plate

클래식한 분위기의 딤섬집으로 바닥에 깔린 옥색의 타일부터 손때 묻은 테이블, 페인트가 벗겨진 창틀까지 옛 마카오의 정취가 한껏 묻어난다. 딤섬의 가격은 종류에 관계없이 모두 MOP30으로 비교적 저렴한 편. 여행객이 많지 않아 여유로운 분위기 속에서 고품격 딤섬을 맛볼 수 있다.

$ 딤섬 MOP30, 차 MOP30 🏃 세나도 광장에서 3번 버스 탑승 후 Alm. Lacerda/Mercado Vermelho역 하차, 도보 약 3분 📍 3 R. Norte do Mercado Alm. Lacerda, Macau 🕐 07:00~17:00 📞 +853 287 4456

마카오에서 미식가 되기
레스토랑 안내

여행지에서 배만 채우자는 마음으로 음식을 고르는 사람은 없다. 세계 각지의 요리가 모인 곳인 만큼
다양한 맛을 발견하는 것이야말로 진짜 마카오의 재미! 단순히 블로그를 뒤져
유명 요리를 맛보는 데에서 벗어나 좀 더 깊이 마카오의 맛을 음미하는 방법을 소개한다.

개인 티슈 준비하기

로컬 레스토랑은 티슈가 없는 경우가 많다. 개인 티슈를 미리 준비하자.

작은 식당에서는 현금 챙기기

규모가 있는 레스토랑이 아니라면 신용카드 결제가 불가한 경우가 종종 있다.

합석에 당황하지 않기

줄을 서야 하는 인기 레스토랑에서는 합석이 기본이다. 4인 테이블에 서로 모르는 사람 네 명이 앉는 경우가 비일비재하다.

봉사료와 유료 반찬 유념하기

메뉴판에 적힌 금액 외 전체 금액의 10% 정도가 봉사료로 추가되거나 차나 물, 기본 반찬이 유료인 경우가 많다.

호텔 멤버십 가입으로 할인받기

코타이 스트립 내 체인 호텔 멤버십에 가입하면 해당 호텔 단지 내 레스토랑에서 10~20%가량 요금 할인을 받을 수 있다.

호텔 멤버십 가입하기

평소 자주 이용하는 호텔 체인 멤버십에 가입해 마일리지를 적립한다면 이를 활용해 다양한 혜택을 받을 수 있다. 마카오는 전 세계 호텔 체인의 각축장인 만큼 월드 오브 하얏트(하얏트 호텔 계열), SPG(메리어트 & 스타우드 호텔계), 르 클럽 아코르 호텔스(노보텔, 소피텔 등) 등 대부분의 호텔 멤버십 이용이 가능하다.

❶ 멤버십 가입은 온라인이나 체크인 시 호텔 내 지정 장소에서 가능하다.

❷ 가장 낮은 등급의 멤버십으로 무료 가입한 후 이용 실적(최소 10박 이상 투숙 등)에 따라 실버·골드·플래티넘 등으로 멤버십 등급이 상향된다.

❸ 멤버십 등급별로 식당 할인이나 인터넷 무료 이용부터 객실 업그레이드, 레이트 체크아웃, 라운지 이용 등 다양한 혜택이 차등으로 지급된다.

❹ 호텔에 따라 멤버십 가입 시 연회비를 지불해야 하는 경우도 있다. 연회비를 지급하는 경우 무료 가입보다 더 수준 높은 혜택이 제공된다.

여행의 분위기를 살리는
술

여행에서 술은 미식의 대미를 장식한다. 입맛에 맞는 메뉴를 선택했다면
이제 요리에 걸맞은 술을 골라야 할 시간. 포르투갈에서 공수해온 와인부터
가볍게 즐기기 좋은 맥주까지 마카오의 술맛에 취해보자.

오감을 뒤흔드는 강렬한 풍미
포르투갈 와인

포르투갈은 이탈리아, 프랑스 등과 함께 세계적인 와인 생산지 중 하나다. 무려 450여 년이나 포르투갈의 통치를 받아온 덕에 포르투갈의 와인 제조 방식이 고스란히 전수된 마카오는 현재까지도 아시아에서 와인 문화가 가장 발달한 곳으로 손꼽힌다. 매캐니즈 식당 어디서든 포르투갈에서 직수입한 품질 좋은 와인을 접할 수 있다.

▪ 포트와인 Port Wine
포르투갈 와인을 대표한다 해도 과언이 아닐 만큼 전 세계적으로 유명한 와인이다. 발효 중 브랜디를 첨가해 효모가 파괴되고, 아직 발효가 끝나지 않은 포도의 당분이 그대로 남아 달콤한 맛이 강하다. 디저트 와인으로 애용된다.

▪ 마데이라 Madeira
식전주로 널리 사랑받는 와인으로 45℃ 이상 고온에서 최소 3년 이상 숙성시킨다. 숙성 과정에서 95% 이상의 주정을 첨가해 알코올 함유량을 18~20%로 높인 덕에 단맛이 거의 느껴지지 않는다.

▪ 비뉴 베르데 Vinho Verde
흔히 그린 와인이라 불리는 종류로 포도가 덜 익은 상태에서 숙성시켜 신맛이 강하다. 레드와 화이트 두 종류 모두 생산되며 여름에 차갑게 마시는 와인으로 통한다. 알코올 도수가 9~11%로 비교적 낮은 편이다.

톡 쏘는 여행의 맛
로컬 맥주

맥주 마니아라면 당연히 여행지에서 나는 로컬 맥주를 찾기 마련이지만 아쉽게도 마카오에 로컬 타이틀을 붙일 만한 맥주는 '마카오 비어'가 유일하다. 대신 포르투갈에서 직수입한 맥주가 로컬 맥주와 동일한 취급을 받아 낯선 맥주의 맛을 찾는 여행자들의 기대를 충족시켜주고 있다.

▪ 슈퍼 벅 & 사그레스 Super Bock & Sagres
슈퍼 벅(Super Bock)과 사그레스(Sagres)는 포르투갈과 마카오에서 흔히 볼 수 있는 맥주다. 라임 향이 진한 '그린(Green)'과 흑맥주인 '스타우트(Stout)' 두 종류로 생산되는 슈퍼 벅은 기포가 많아 청량감이 뛰어나며 사그레스는 목 넘김이 부드러워 식사와 함께 즐기기 좋다.

▪ 마카오 비어 골든 에일 Macau Beer Golden Ale
현재는 일본의 기린(Kirin)이 인수했지만 그 시작이 마카오인 만큼 로컬 맥주로 인정해도 좋은 브랜드다. 홉의 풍미가 진한 100% 수제 에일 맥주로 미국의 맥주 양조장에서 애용하는 아메리칸 캐스케이드(American Cascade)의 홉을 사용해 품질을 높였다. 몇 해 전 우리나라의 마트에 출시되었을 때 맥주 마니아들 사이에서 인기를 끌며 품귀 현상이 일기도 했다.

마카오 여행에서 빼놓을 수 없는
딤섬

중국 남부에서는 딤섬(點心)보다 얌차(飮茶)라는 이름이 더 익숙하다. 얌차는 식사와 식사 사이에
가볍게 즐기는 간식을 말한다. 지금은 시간과 관계없이 판매하는 전문 레스토랑이 생기면서 광둥요리의
대표 주자로 대접받고 있다. 딤섬의 종류는 무려 1,000가지가 넘는다. 크기가 작고 만두피가 투명한 것은
가우(餃), 빵처럼 두툼한 것은 바오(包), 윗부분이 뚫려 속이 보이는 것은 마이(賣)라고 부른다.

샤오롱바오
Steamed Pork Dumpling 小籠包

광둥 지역이 아닌 상하이 스타일 딤섬
으로 진한 돼지 육수를 맛볼 수 있다.
젓가락으로 만두피를 살짝 터뜨려 안
에 든 뜨거운 육수부터 마신 후 남은
만두피와 부드러운 소를 먹는다.

샤오마이
Pork Dumpling 燒賣

우리나라 사람들에게 가장 익숙한 모
양의 딤섬이다. 얇은 노란색 만두피 속
에 돼지고기와 새우를 넣은 후 토핑으
로 게 알을 얹는다. 경우에 따라 게 알
이 아닌 통새우를 올리기도 한다.

하가우
Shrimp Dumpling 蝦餃

쫄깃한 찹쌀 만두피 속에 통새우를
넣은 딤섬이다. 만두피의 주름이 7개
에서 10개 사이여야 하는 등 까다로
운 조리 방식 덕에 딤섬 셰프의 실력
을 판가름하는 기준으로 통한다.

차시우바오
BBQ Pork Burn 叉燒包

부드럽고 폭신한 찐빵 속에 짭조름한
돼지고기 바비큐 소가 가득 들었다.
다른 딤섬에 비해 사이즈가 크고 들
어가는 고기의 양도 넉넉해 한두 개만
먹어도 속이 든든하다.

창펀
Steamed Rice Roll 肠粉

찹쌀로 만든 얇은 피 속에 새우, 돼지
고기, 채소 등을 넣고 돌돌 말아 만든
것으로 간장 소스에 담가 먹는다. 쫄
깃한 식감과 더불어 달콤하고 짭조름
한 맛의 조화가 일품이다.

마카오의 대표적인 딤섬 맛집

팀호완 Tim Ho Wan 添好運 P.171
딤섬 대중화에 앞장서며 오늘날 딤섬
전문 레스토랑의 원형을 만들었다. 수
년째 미쉐린 스타 레스토랑 지위를 누
리고 있는 홍콩 본점의 맛을 그대로 재
현한다. 식사 시간이라면 2시간은 줄을
서야 하는 홍콩 본점과 달리 이곳에서
는 대기 시간이 길지 않다.

젠딤섬 Zhen Dim Sum 真點心 P.173
딤섬 맛은 물론 가격과 주문 방식까지
팀호완과 비슷하게 만들어 팀호완의 아
성에 도전장을 내민 마카오 로컬 딤섬
프랜차이즈다. 후발 주자지만 특급 호
텔 레스토랑 못지않은 훌륭한 맛과 부
담 없는 가격 덕에 마니아가 생기면서
점차 매장 수를 늘려가고 있다.

한국인도 반한 광둥요리의 정수
면 요리

국수를 빼고 중국요리를 설명할 수 있을까? 면발의 굵기와 육수, 고명 등에 따라
상상 이상의 다양한 국수 세계를 접할 수 있는 곳이 바로 마카오다. 여행자들의 입맛을 저격하는
맛있는 국수의 세계를 만나보자. 대부분 메뉴판에 사진이 들어가 주문은 생각보다 어렵지 않다.

마카오의 대표적인 면 요리 맛집

웡치케이
Wong Chi Kei 黃枝記 P.138

1946년 오픈해 70년이 넘도록 한자리를 지켜온 뚝심의 국숫집으로 마카오에서 완탕면을 맛보고자 한다면 고민의 여지없이 선택해도 좋을 곳이다. 수타로 뽑아낸 쫄깃한 달걀 반죽 면은 이 집만의 전매특허! 긴 대기 줄에 합류해야 하지만 국수의 맛이 기다림의 시간을 보상하고도 남는다.

청케이
Loja Sopa de Fita Cheong Kei 祥記麵家 P.143

허름한 외관의 평범한 로컬 식당으로 보이지만 알고 보면 2017년부터 4년 연속 〈미쉐린 가이드〉 빕 그루망에 선정된 소문난 맛집이다. 어떤 메뉴를 선택하든 후회 없는 맛을 보장하지만 조금 더 특별한 국수를 원한다면 달콤한 굴소스를 뿌린 새우알 비빔면을 추천한다.

쑤안라펀
酸辣粉 P.139

매콤하고 새콤한 사천 지역의 국수를 판매하는 곳으로 면발의 종류와 토핑 등을 손님이 직접 선택해 나만의 국수를 만들어 먹는 방식이다. 얼큰하고 개운한 국물 맛이 한국인의 입맛에 잘 맞아 한식이 그리울 때 찾아가면 좋다.

완탕면
Wonton Noodle 雲吞麵

해산물 육수 베이스에 달걀로 반죽한 면을 넣고 통새우가 그대로 씹히는 완탕 만두 서너 개를 넣어주는 방식이다. 담백한 국수를 한껏 머금은 꼬들꼬들한 면발의 식감이 일품이다.

탄탄면
Dan Dan Noodle 擔擔麵

쓰촨요리답게 고추기름에서 나오는 매콤한 맛이 특징이다. 청경채, 볶은 돼지고기, 땅콩 등 들어가는 고명이 많아 고소한 맛부터 새콤한 맛까지 다양한 풍미를 누릴 수 있다.

소고기국수
Beef Brisket with Noodle 牛腩面

소고기를 푹 우려낸 육수에 쌀국수를 넣고 두툼한 소고기와 파를 고명으로 올린다. 한식의 갈비탕처럼 진한 국물에서 배어 나오는 구수한 맛이 인상적이다.

새우알 비빔면
Tossed Noodle with Oyster Sauce & Shrimp Roe 蝦子麵

삶은 달걀 반죽 면 위에 새우알을 소복하게 뿌리고 굴소스를 곁들여 먹는다. 꼬들꼬들한 면발에 달콤한 소스, 입 안에서 탱글탱글 움직이는 새우가 환상의 조화를 이룬다.

배낭여행자의 진짜 먹거리
길거리 음식

특별한 서비스나 화려한 플레이팅은 없지만 배낭여행객에게는 서서 먹는 길거리 간식이
진짜 여행의 맛일지 모른다. 부담 없는 금액은 물론 중독성 강한 맛 덕에 한번 경험해보면
결국 다시 찾게 되는 주전부리! 코를 자극하는 음식 냄새를 쫓아 맛의 거리로 나서보자.

어묵 꼬치
Skewered Fish Ball
魚丸串

어묵과 채소, 소시지 등을 작은 그릇에 담은 후 고추기름이나 카레 소스를 뿌려 먹는다. 대부분의 어묵집에서 내장 조림도 함께 판매하는데 낯선 요리에 자신 있다면 어묵과 함께 시도해보자.

육포
Jerky 肉乾

우리가 아는 것 이상의 다양한 육포를 만날 수 있는 마카오. 짭조름한 맛 덕에 맥주 안주로 안성맞춤이다. 선물용으로 사오려는 사람이 많은데 육포는 우리나라 반입 금지 품목이라는 점 명심하자.

아몬드쿠키
Almond Cookie
杏仁餅

아몬드가 듬뿍 들어가 특유의 고소함이 그대로 전해지는 쿠키로 육포와 함께 마카오에서 가장 흔하게 보이는 간식류다. 식감이 다소 뻑뻑하기 때문에 목 넘김을 위한 음료는 필수다.

에그와플
Egg Waffle 雞蛋仔

올록볼록한 틀에 구워낸 와플 종류로 모양이 달걀을 모아놓은 것 같아 에그와플로 불리지만 실제로 반죽의 달걀 함유량도 높다. 일부러 찾지 않아도 거리 곳곳에서 에그와플을 판매하는 노점이 보인다.

주빠빠오
Pork Chop bun
豬扒包

바삭한 바게트 빵 가운데를 갈라 그 사이에 숯불에 구운 돼지고기 한 덩이를 넣어준다. 일반 버거와 달리 소스나 채소 등을 넣지 않아 숯불 향을 머금은 고기의 맛이 고스란히 전해진다.

마카오 대표적인 길거리 맛집

어묵 거리 P.142
각종 어묵과 소 내장 조림을 판매하는 노점 거리다. 지금은 문을 닫은 항야우를 시작으로 주변에 다른 어묵 가게들이 생겨나면서 '어묵 거리'라는 이름으로 불리게 되었다. 노점 거리라 의자도 없이 서서 먹어야 하지만 진짜 마카오 길거리 음식을 먹을 수 있어 항상 사람들로 북적인다.

초이헝윤 베이커리
Choi Heong Yuen Bakery
咀香園餅家 P.145
파스텔라리아 코이케이
astelaria Koi Kei P.179
육포, 아몬드쿠키 등 마카오의 대표 간식거리를 판매하는 매장 중 규모와 물량으로 압도하며 묘한 경쟁 구도를 이루는 2개의 프랜차이즈가 있으니 바로 초이헝윤 베이커리와 파스텔라리아 코이케이다. 거리 곳곳 초이헝윤 베이커리 인근에는 어김없이 파스텔라리아 코이케이가 보인다. 가게 앞에서 점원이 시식용 과자를 나눠주기 때문에 맛을 보고 구입할 수 있다.

카페 봉케이
Café Vong Kei 旺記咖啡 P.176
쿤하 거리 끝에 들어선 작은 노점 식당으로 페트병에 담아주는 밀크티를 비롯, 뽀로빠오나 주빠빠오 등 홍콩 스타일의 간식 메뉴 차찬텡(茶餐廳)을 판매한다. 주문과 동시에 조리에 들어가는 스테이크나 오징어 등의 철판 요리도 이 집의 인기에 한몫을 한다.

후식이라기보다 고품격 요리에 가까운
디저트

마카오의 디저트는 본식 이후에 먹는 입가심 수준이 아니기 때문에
'후식'이라는 이름이 어울리지 않는다. 때로는 근사한 요리보다 더 기대가 되는 디저트!
여행 중 반드시 맛봐야 할 명물 요리 대접을 받는 마카오의 디저트를 만나보자.

에그타르트
Pastel de Nata 蛋撻

마카오의 디저트 하면 가장 먼저 떠오르는 것, 바로 에그타르트다. 에그타르트의 기원은 200여 년 전 리스본의 한 수도원으로 거슬러 올라간다. 당시 수녀들이 수녀복을 빳빳하게 다리기 위해 달걀흰자를 사용하고 난 후 남은 노른자로 디저트를 만들어냈는데 이것이 오늘날 전 세계인의 사랑을 받는 에그타르트로 발전한 것이다. 빡빡한 비스킷으로 도우를 만들고 커스터드가 영롱한 홍콩의 에그타르트와 달리 마카오의 에그타르트는 겉은 바삭한 페이스트리로 만들고 안은 캐러멜을 발라 구워 살짝 그을린 것이 특징이다.

세라두라
Serradura 木糠布甸

부드러운 생크림과 바삭한 비스킷 가루를 번갈아 쌓은 후 컵케이크처럼 떠먹는 방식으로 생크림의 달콤함과 쿠키의 고소함이 함께 느껴진다. 세라두라의 맛을 결정하는 건 크림의 질이기 때문에 중급 이상의 레스토랑에서 맛보는 편이 좋다. 크림이 아닌 아이스크림을 사용하거나 녹차, 바나나 등을 첨가해 다양한 변주를 만들어내는 디저트 숍도 독특한 재미를 선사한다.

몰로토프
Molotof 蛋撻

달걀흰자로 머랭을 만든 후 캐러멜과 견과류 등을 올려 오븐에 구워낸 디저트로 정통 포르투갈식에 가깝다. 푸딩처럼 스푼으로 떠먹는 방식으로 씹지 않아도 부드럽게 넘어가는 식감과 달콤 쌉싸름한 캐러멜의 조화가 일품이다. 일반 디저트 숍보다는 매캐니즈 레스토랑에서 맛볼 수 있다.

마카오 에그타르트 맛집
· **마가렛츠 카페 이 나타** Magaret's Café E Nata P.145
· **로드 스토우즈 베이커리** Lord Stow's Bakery P.188

TV 속 맛집 뽀개기
예능 출연 맛집

한기 카페
Hon Kee Cafe
漢記咖啡 P.189

〈신상출시 편스토랑〉을 통해 마카오 여행길에 오른 정일우가 방문한 곳. 외관은 낡고 허름하지만, 콜로안에서 맛있기로 소문이 자자한 차찬텡이다. 정일우가 선택한 메뉴는 바게트 빵 사이에 두툼한 돼지갈비가 들어간 주빠빠오와 주인장이 직접 손으로 수차례 저어서 거품을 만들어주는 스위트 믹스커피다.

이슌 밀크 컴퍼니
Leitaria I Son
義順牛奶公司 P.141

맛집 소개 면에서 무한 신뢰를 받는 백종원이 〈스트리트 푸드 파이터〉 홍콩 편에서 극찬을 했던 차찬텡 식당 이슌 밀크 컴퍼니가 마카오에 지점을 냈다. 백종원의 입맛을 사로잡은 메뉴는 한국인 여행자들에게 '우유 푸딩'이라는 이름으로 알려진 딴나이(淡奶). 입 안에 사르르 녹아드는 달콤한 우유의 맛이 일품이다.

아 로차
A Lorcha
船屋葡國餐廳 P.140

〈짠내투어〉 마카오 편에서 가이드 박나래가 멤버들로부터 후한 점수를 받기 위해 준비한 회심의 일격, 바로 아 로차였다. 아프리칸 치킨, 바지락 볶음, 안심 스테이크 등 아 로차의 시그니처 메뉴를 차례로 맛본 멤버들은 하나같이 엄지손가락을 치켜세웠다. 정통 포르투갈 요리를 선보이는 곳이다.

"

트렌드 변화에 민감한 예능 프로그램에서 수년째 변함없이 사랑받는 테마가 있으니
바로 여행과 먹방이다. 길거리의 넘쳐나는 식당 가운데 유명 셀럽이나 연예인이 직접 경험해본 맛집이라면
그만큼 신뢰가 가기 마련, TV에 등장해 화제가 되었던 맛집들을 모아보았다.

"

신무이
新武二廣潮福粉
麵食館 P.174

최화정, 송은이, 김숙, 장도연까지 이른바 언니 연예인들이 〈밥블레스유〉에서 매콤한 고추기름까지 뿌려가며 먹던 굴국수 전문점이다. 방송 덕에 한국인들의 방문이 늘면서 메뉴에 한글 안내를 추가했다. 굴국수만으로 부족하다면 방송에서 그녀들이 선택했던 사이드 메뉴 닭날개 튀김을 추천한다.

표기
Piu Kei 彪記
P.174

〈밥블레스유〉에서 송은이와 장도연이 멤버들과 즐기기 위해 콘지와 볶음면 등을 사간 곳이다. 다양한 메뉴 가운데 가장 인기가 좋은 것은 우리나라의 죽과 흡사한 콘지로 기본 흰 죽 외 소고기나 조개 등 원하는 재료를 추가해 다양한 맛을 경험할 수 있다.

북방관
North 北方館
P.169

〈원나잇 푸드트립〉에서 박미선이 정통 북경요리를 맛보기 위해 방문했던 베네시안 마카오 내 고급 중식당이다. 평소 만두를 좋아하던 박미선에게 덤플링과 함께 셰프가 추천한 메뉴는 바로 북경식 새우튀김. 방송 이후 한국인 여행객들 사이에서 인생 새우로 불리며 남다른 인기를 누리고 있다.

커피 향 그윽한 골목을 따라
로컬 카페

싱글 오리진 P.147
Single Origin Pour Over and Espresso Bar

한 사람이 겨우 지나갈까 말까 한 좁은 공간에 애써 테이블을 놓고 머리가 닿을 만큼 천장이 낮은 2층까지 만들었다. 차 한잔 마시기가 여간 불편한 게 아니지만 그럼에도 커피의 맛 하나로 승부를 보며 마니아까지 생겼다. 나름의 운치가 있어 마니아라면 놓칠 수 없는 카페다.

트라이앵글 커피 로스터 P.148
Triangle Coffee Roaster

워낙 외진 골목에 들어선 데다 간판까지 가려져 찾아가기가 쉽지 않지만, 커피의 맛 하나로 명성을 얻으며 오늘날 마카오에서 가장 맛있는 로스팅 카페로 통한다. 풍미가 진하고 산도도 강한 원두는 인기가 좋아 마카오의 여러 카페에서 이 집의 원두를 사용한다.

> ❝
> 우연히 들어선 골목길 작은 카페야말로 진짜 여행의 발견이라 할 수 있을 것이다.
> 마카오의 수많은 카페 가운데 이 집이 아니라면 세상 어디에서도 맛볼 수 없는 고유의 커피 맛을 자랑하는 곳,
> 자유 여행자에게는 그 어떤 관광지보다 소중한 로컬 카페를 소개한다.
> ❞

블룸 커피하우스 P.148
Bloom Coffee HouseBar

찾아가는 길이 복잡하고 사람 많은 시장 안에 있지만, 그럼에도 여행자들은 소문난 커피 맛을 느끼기 위해 이곳을 찾는다. 로스팅 머신이 한자리를 차지하고 있어 앉을 자리는 없고 테이크아웃만 가능하다. 일반 라테보다 풍미가 진한 화이트 라테가 맛있기로 유명하다.

문예문 P.146
A Porta Da Arte 文藝門

대부분의 로컬 카페가 공간이 협소한 반면 문예문은 공간이 넓어 여유롭게 커피를 누리기에 알맞다. 트라이앵글 커피 로스터의 원두를 사용해 커피의 맛은 걱정할 필요가 없으며, 2~4층에 갤러리와 소품점도 함께 운영해 구경거리도 많다.

아시아와 유럽 문화의 콜라보
세계문화유산

마카오에선 아래에 소개한 장소를 포함해 30여 개의 세계문화유산을 산책하듯 걸어 다니며 만날 수 있다. 마카오에 조성된 세계문화유산 지구는 마치 테마파크의 타임 슬립 체험관처럼 450여 년 전 초기 식민 시절을 고스란히 보여준다. 거리 자체가 여행객들을 위해 꾸민 것이 아닌 실생활 속에서 자연스럽게 형성된 것이기에, 때묻은 바닥과 이끼 낀 담장마저 정겨운 느낌이 든다. P.133

01 성 바울 성당 유적 P.118
성당 전면부에 새겨진 예수의 탄생과 죽음, 부활 등 가톨릭 세계관에 대한 각종 상징물 발견하기.

02 세나도 광장 P.119
바닥에 깔린 칼사다 타일, 중앙에 세워진 분수대 등 포르투갈 특유의 광장 문화 접하기.

03 몬테 요새 P.122
날씨가 맑은 날 지대가 높은 몬테 요새 정상에 올라 마카오반도의 전경 내려다보기.

04 릴라우 광장 P.126
골목과 골목이 만나는 곳에 들어선 작은 공원에서 소박하고 정감 어린 동네 풍경 구경하기.

05 카몽이스 공원 P.123
한국인에겐 조금 더 특별한 곳. 공원 안쪽에 세워진 김대건 신부의 동상 찾기.

079

레트로 감성에 빠지다
골목 탐방

타이파 빌리지 P.157

식민지 시절 마카오반도에 살던 포르투갈 사람들이 별장을 짓고 휴양을 누리던 곳이다. 포르투갈 사람들이 모두 떠난 지금도 시간이 멈춘 도시인 듯 당시의 한적한 마을 풍경이 그대로 남아 있다. 파스텔 톤의 가옥 사이사이 커다란 나무 그늘이 드리워진 산책길을 거닐며 잠시 옛날을 경험해볼 수 있다.

펠라시다데 거리 P.132

붉은색 대문들이 나란히 들어선 길 사이사이 맛집이 많아 먹방 투어를 누리려는 사람들로 북적거리는 이곳은 100여 년 전 홍등가였다. 특유의 빈티지한 풍경을 먼저 알아본 건 홍콩의 영화 감독 왕자웨이(王家衛, 왕가위)였다. 그의 영화에 등장한 이후 사람들의 발길이 늘면서 이제는 빈티지라는 말이 무색할 만큼 인기 관광지 대우를 받는다.

콜로안 빌리지 P.184

사람 많고 차 많은 도심에서 벗어나 한적한 바닷가 경치를 누리기 좋다. 마카오의 명물 디저트 에그타르트를 맛보고 포르투갈 스타일의 성당이 들어선 바닷가 산책로를 한 바퀴 돌아보는 것만으로도 여유와 낭만이 넘쳐난다. 중심가에서 살짝 벗어나 넉넉히 반나절은 잡아야 한다.

> ❝
> 조금만 깊이 들여다보면 화려한 카지노와 호텔 시설보다 빈티지한 골목 풍경이 마카오의 진짜 얼굴이라는 것을
> 알게 된다. 때로는 사람 많은 유명 관광지보다 우연히 발견한 거리에서 여행의 매력이 빛을 발하는 법.
> 현지인들의 일상의 공간을 거닐어보는 것만으로도 골목은 유명 관광지 못지않은 감동을 선사한다.
> ❞

성 라자루 당구 P.132

성 라자루 성당을 중심으로 반경 300m가량 포르투갈풍의 건물들이 펼쳐진 이 지역을 성 라자루 당구라 한다. 마카오에서 포르투갈의 흔적이 가장 진하게 남은 동네로 칼사다 무늬의 타일이 깔린 거리를 걷다 보면 어느새 리스본의 골목에 들어온 듯한 착각이 든다. 갤러리와 잡화점 등 구경거리도 많다.

성 바울 성당 뒤편부터 카몽이스 공원까지의 주택가 골목 P.123

마카오반도 중심가 중 하나로 꼽히는 성 바울 성당 유적 뒤쪽으로 조금만 벗어나면 마치 다른 세상인 듯 조용한 주택가 골목이 펼쳐진다. 특별한 볼거리는 없지만 평범한 사람들의 소소한 일상을 접하는 재미가 남다르다. 골목 사이사이에 카페가 많아 여유롭게 쉬어 가기 좋다.

기아 요새로 향하는 언덕길 P.131

해발 90m에 지은 기아 요새는 웬만한 전망대 못지않게 경치를 즐기기에 좋다. 케이블카에서 내려 기아 요새로 향하는 언덕길은 우리나라의 약수터처럼 녹음이 짙은 숲속 오솔길이다. 10분 정도 숲길을 오르다 보면 먼발치에서 도심의 풍광이 조금씩 모습을 드러내 남다른 경치를 선사한다.

갖고 싶은 마카오
마카오 기념품

마카오 No.1 기념물
성 바울 성당 모형
MOP40~

가장 감성적인 여행지 기억법
그림엽서
MOP15~

포르투갈 거리 표지판 스타일
마그네틱
MOP30~

간직하고 싶은 포르투갈 디자인
포르투갈 전통 문양 타일
MOP20~

예쁘고 실용적인 선물
수탉 모양 오프너
MOP35~

'정의'를 뜻하는 포르투갈 상징
수탉 모양 인형
MOP30~

미니 사이즈로 만나는
포르투갈 맥주
MOP15

여행 선물에서 빼놓을 수 없는
열쇠고리
MOP15~

은은한 나무 향의 포르투갈 화장품
베나모르 핸드크림
MOP100~

> 마카오는 홍콩처럼 유명 브랜드나 명품 아웃렛이 발달한 도시는 아니다. 그보다 마그네틱, 오프너같이
> 아기자기한 물건이나 비누, 치약 등의 실용적인 물건을 구하기 좋은 곳이다. 골목골목 들어선 기념품 숍이나
> 카페를 잘 공략하면 선물용으로 좋은 값싸고 실용적인 아이템들을 쉽게 찾을 수 있다.

포르투갈 국민 치약
쿠토 치약
MOP45~

포르투갈 왕실에서 사용한 수제 비누
카스텔벨 포르토 비누
MOP135~

디자인에 반하고 맛에 반하는
통조림
MOP30~

수집가들에게 가장 좋은 선물
스타벅스 머그컵
MOP95~

마카오에서 만나는
포르투갈 문양 머그컵
MOP68~

저렴하고 실용적인, 부담 없는 선물
마카오 전통 문양 연필
MOP20~

누구나 한 번은 먹어보는
아몬드쿠키
MOP70~

진공 포장으로도 판매하는
육포
MOP110~

와인 애호가라면
포르투갈 와인
MOP60~

마카오에서 바로 통하는 여행 준비

D-Day에 따른 여행 준비

마카오 여행에 대한 정보를 파악했다면 본격적인 여행 준비에 들어갈 차례다. 디데이에 따라 참고하기 좋은
여행 일정을 제시하고 정보 수집 방법과 적합한 상품을 선택하는 방법을 차례로 소개한다.

D-40
여행 정보 수집하기

여행 준비를 위해 블로그나 카페 등을 찾아보면 정보가 넘
치지만 초보자에게는 오히려 너무 많은 정보가 부담스럽
다. 따라서 가이드북을 통해 가장 필요한 정보가 무엇인지,
예를 들어 마카오의 지역 구분, 가장 유명한 호텔과 주요
관광 스폿 등 대략의 정보를 미리 파악한 후 인터넷 서핑을
하는 것을 추천한다.

마카오 관련 여행 정보 사이트

마카오정부 관광청 한국사무소 공식 페이스북
facebook.com/mgtokorea
마카오 현지 관광청에서 운영하는 사이트로 가장 최신의
현지 정보를 실시간으로 받아볼 수 있다. 특가 여행 상품이
나 푸짐한 경품 이벤트와 같은 다양한 여행 정보를 한글로
제공한다.

오픈라이스 openrice.com
길거리 음식부터 미쉐린 식당까지 미식 관련 정보가 빠짐
없이 게시되어 있으며 사진과 후기를 참조할 수 있다.

D-35
여권 발급

여권 유효 기간이 6개월 미만이면 출입국 시 제재를 받을
수 있기 때문에 미리 확인하자. 여권은 각 시·도·구청의 여
권 발급과에서 발급 받을 수 있고, 발급을 위해 6개월 이내
에 촬영한 여권용 사진 1매와 신분증, 여권 발급 신청서 1
부(기관에 배치)가 필요하다. 25~37세 병역 미필 남성은
국외여행 허가서를 준비해야 하며 미성년자 외에는 (미성
년자 대신 여권 발급 시 가족 관계 증명서 지참) 본인 발급
만 가능하다. 외교부 여권 안내 사이트에서 자세한 안내를
받을 수 있다.

🏠 passport.go.kr

여권 발급 수수료

종류	유효 기간	수수료(26면/58면)	대상
복수여권	10년	50,000원/53,000원	만 18세 이상
	5년	42,000원/45,000원	만 8세 이상~ 만 18세 미만
		30,000원/33,000원	만 8세 미만
	5년 미만	15,000원	병역 의무자 중 미필자
단수여권	1년	20,000원	1회용 사용 가능
기타	재발급	25,000원	잔여기간 재발급

D-30
항공권 구입하기

각 항공사 사이트뿐만 아니라 특가 항공권을 판매하는 여행사 홈페이지나 스마트폰 앱을 이용하면 더욱 저렴하게 살 수 있다. 발권부터 사전 좌석 지정까지 가능하니 각종 사이트와 앱을 꼼꼼하게 비교해보자.

스카이스캐너 skyscanner.co.kr
출발지와 도착지, 출발일 등 간단한 정보만 입력하면 실시간으로 가장 저렴한 항공권을 검색해준다. 요금에 맞춰 직항은 물론 경유 노선까지 찾아주기 때문에 스톱오버 여행을 준비할 때 이용하기 가장 적합하다.

> **TIP**
> ### 알아두면 쓸 데 있는 항공권 발권
>
> **❶ 항공권 예약 시기는 복불복**
> 항공권을 일찍 예약할수록 금액이 저렴하지만, 주말이나 연휴, 성수기가 아니라면 오히려 날짜가 임박해야 저렴해지기도 한다. 발권 후 더 저렴한 항공 좌석을 발견했다 해도 무료 변경이 불가하다는 점도 주의해야 한다.
>
> **❷ 금액이 전부가 아니다**
> 저렴한 항공권은 귀국일 변경 불가, 취소 시 환불 불가, 마일리지 적립 불가 등 조건이 열악하니 발권 전 꼼꼼히 확인하자. 도착 시간이 너무 늦을 경우 현지에서 보내는 시간이 줄어들기 때문에 항공편 스케줄 역시 반드시 확인해야 한다.
>
> **❸ 영문 이름이나 성별을 잘못 입력했다면**
> 발권을 끝마쳤는데 이-티켓의 영문명이나 성별이 여권 정보와 다르다면? 이를 수정하기 위해서는 예약 사이트에 전화해 수정 요청을 해야 하는데, 이때 추가 금액이 발생한다. 예약 조건상 변경이 불가능한 경우나 정보가 틀렸다는 사실을 출발 당일 공항에서 발견한 경우에는 아예 출발이 불가할 수도 있음을 명심해야 한다. 따라서 항공권 예약 시 기입하는 정보는 반드시 여권과 대조 후 제출해야 한다.
>
> **❹ 이-티켓을 휴대폰에 저장하는 센스**
> 이메일로 받은 항공 이-티켓을 스마트폰에 저장하면 필요할 때마다 공항 직원에게 스마트폰 화면만 보여주면 되므로 요긴하다. 인터넷이 가능한 환경이라면 여행사 앱으로 항공권 정보를 제공받을 수도 있다.
>
> **❺ 기타 서비스 이용**
> 항공기 좌석 지정, 특별 기내식 신청 등은 출발 전 예약 사이트에 문의하거나 항공사 앱에서 직접 신청 가능하다. 사전 좌석 지정이 불가한 경우라도 출발 당일 체크인 수속 시 항공사 직원을 통하면 지정이 가능할 수 있으니 원하는 자리에 앉고 싶다면 서둘러 공항에 도착해 수속을 밟자. 요즘은 국적기뿐만 아니라, 외항사 및 저비용 항공사도 모바일 앱을 통해 공항 도착 전 셀프 체크인을 할 수 있다.

카약닷컴 kayak.com
해외 항공권 예약 전문 사이트로, 항공뿐 아니라 호텔과 렌터카 예약도 가능하다. 항공사별, 금액대별, 적립 마일리지별 등 선택 사항이 다양하고 타 사이트와 비교 금액도 공개해 믿을 만하다.

익스피디아 expedia.co.kr
항공권과 호텔 동시 검색도 가능하며 이 경우 따로 예약할 때보다 최대 30%까지 할인된다. 인터파크 투어의 땡처리와 같은 개념인 '오늘의 딜', '마감 특가' 등 출발일에 관계없이 가장 저렴한 항공권을 공개하기도 한다.

D-25
숙소 예약하기

여행 준비에서 항공권 예약과 더불어 가장 중요한 요소가 바로 호텔 선택이다. 마카오는 도보 이동이 많은 도시이기 때문에 호텔에서 주요 관광지까지 도보로 얼마나 걸리는지부터 확인하는 편이 좋다. 시설이나 금액 등을 따져봤을 때는 마카오반도보다는 코타이 스트립 내 대형 호텔 단지 이용을 추천한다. 호텔 예약 비용은 예약 시기, 예약 사이트, 예약 방법 등에 따라 차이가 크기 때문에 그만큼 꼼꼼히 확인해보고 신중히 선택해야 한다. 여행 계획에 맞는 숙소 선택 팁과 추천 숙소는 파트 2 P.034를 참고하자.

D-23
여행 일정 & 예산 짜기

항공권과 호텔 예약을 마쳤다면, 현지에서 쓸 경비를 예상해보자. 방문할 명소나 음식점에 따라 하루 경비는 천차만별이지만, 마카오 물가가 서울과 비슷하다는 점을 감안하면, 예상 경비는 간단하게 측정해볼 수 있다. 중급 레스토랑은 한 끼에 1만 5,000천 원 안팎, 고급 레스토랑은 2만~4만 원, 특급 호텔 레스토랑은 10만 원 이상으로 예상하면 된다. 레스토랑 이용 시 팁을 준비할 필요는 없지만 고급 레스토랑의 경우 음식값의 10% 정도 봉사료를 지불해야 하는 경우가 있다. 이 경우 영수증에 따로 표기된다. 마카오는 무료 셔틀버스 이용이나 도보 이동이 많기 때문에 교통비 부담이 적지만 하루 한 번 정도는 택시를 이용할 수 있으니 교통비 또한 1만 원 정도는 잡아야 한다. 이렇게 봤을 때, 알뜰하게 다녀온다면 하루 평균 8만~9만 원, 럭셔리 여행자는 15만~20만 원 정도로 예상할 수 있다. '하우스 오브 댄싱 워터'와 같이 비싼 공연 관람을 계획한다면 하루 경비 외에 따로 비용을 잡아 계산하는 편이 좋다.

D-15
여행자 보험 가입하기

출발 전 가입하자

여행자 보험은 출발 전 가입하는 것이 좋은데, 특정 금액 이상 환전 시 무료로 여행자 보험을 가입해주는 은행도 있으니 참고하자. 보험사 웹사이트나 스마트폰 앱, 보험설계사에게 직접 가입해도 된다. 출국 전 공항의 보험사 지점에서도 가입 가능하지만 상대적으로 비싸다.

조건과 보상 범위를 확인하자

1억 원 보상을 강조하는 상품도 알고 보면 사망 시 보상금이 1억 원이고 분실 보상 200만 원의 보험 상품도 물품 1개당 20만 원씩 총 10개 물품을 보장하는 식이다. 비싼 보험 대신 조건을 잘 보고 자신에게 맞는 보험을 들자.
현금 도난 시 보험 적용이 불가하고 물품 도난은 대부분 30만 원가량 보상이 가능하다. 단순 분실은 본인 과실이라 보상이 불가능하며 단순 분실임을 속이고 도난 신고를 하면 처벌 받을 수 있으니 주의하자. 신용카드를 도난 당했다면 바로 카드사에 전화해 사용 중지를 신청하자.

증빙서류를 꼭 챙기자

보험을 들었다면 보험증서나 비상 연락처를 잘 챙겨두자. 도난을 당하면 현지 경찰서에서 도난 증명서를, 다치면 현지 병원에서 진단서나 증명서, 치료비 영수증을 받아야 한다. 증빙서류가 있어야 한국으로 돌아와 보상을 받을 수 있다.

D-10
환전하기

마카오의 공식 화폐 파타카는 우리나라에서 환전하기가 어렵다. 하지만 마카오 현지에서 홍콩 달러가 1:1 가치로 통용되기 때문에 홍콩 달러를 환전해 그대로 사용하면 된다. 여행 도중에 거스름돈으로 파타카를 받았다면 이는 우리나라에서는 외환 은행에서만 환전이 가능해 현지에서 모두 사용하고 오는 것이 편하다.
환전은 시내 은행 영업점이 공항 내 은행 환전소보다 저렴하며 주거래 은행이라면 수수료 면제 또는 여행자 보험 무료 가입 등의 혜택을 받을 수 있다. 가장 저렴한 방법은 은행 앱을 통해 사이버 환전을 한 후 수령 장소를 공항 내 은행 지점으로 선택하는 것이다. 공항 내 은행 지점은 시내와 달리 밤 늦은 시간까지 영업을 해 더욱 편리하다.

D-7
로밍 vs 유심 칩 vs 이심 vs 포켓 와이파이

구분	가격	구입 방법 및 수령처	이용 가능 서비스	특징
데이터 로밍	1일 9,000~12,000원	통신사 고객 센터 또는 출국 당일 공항 통신사 부스를 방문해 신청	데이터, 전화와 문자 서비스	• 공유가 불가능하고, 핫 스폿을 사용하더라도 데이터 사용량이 한정되어 있다. • 현지에 도착해 전원을 껐다가 켜면 자동으로 로밍 상태가 된다.
유심 칩	• 7,000~12,000원 (기간, 용량 등에 따라 상이)	• 말톡, 도시락 유심 등 온라인 판매 사이트 • 인천 공항 내 '북스토어' • 홍콩이나 마카오 공항 내 통신사 부스나 편의점	데이터 (한국에서 오는 전화와 문자는 받을 수 없음)	• 해당 국가에 머무는 시간이 길수록 경제적이다. • 해당 국가 전용 번호가 발급되어 기존 한국 번호로는 통화나 문자 이용이 불가능하다.
이심	4일 권 이용 시 9,000~10,000원	앱을 통해 사전 구입 후 현지에서 개통	데이터, 기종에 따라 한국에서 오는 전화, 문자 수신 가능	전자 칩을 발급 받는 방식이라 유심 칩 분실의 우려가 없다.
포켓 와이파이	1일 3,000~4,000원	출국 전 택배 수령 또는 공항 당일 수령	와이파이	동행자와 공유가 가능하며 스마트폰, 태블릿, 노트북 등과도 공유할 수 있다.

★ 클룩이나 마이리얼트립 등에서 놀이공원 입장권과 유심 칩을 하나로 묶은 패키지 상품처럼 결합 상품을 구입하면 더욱 저렴하다.

D-3
짐 꾸리기

기본 캐리어 외 카메라, 휴대폰, 가이드북 등 간단한 물품을 넣을 가벼운 백팩이나 크로스백을 따로 준비하는 것이 좋다. 여행용 백인백이나 지퍼백을 활용하면 물건들을 편리하게 정리할 수 있으며 호텔에서 짐을 풀었을 때 정리도 간단하고 물품을 잃어버릴 일도 적다.

100ml 이상의 액체류는 기내 반입이 불가능하지만 샘플용 화장품 정도라면 작은 사이즈의 지퍼백에 담아 기내로 가져갈 수 있다. 호스텔이나 미니 호텔같이 세면도구가 구비되지 않은 숙박 시설을 이용할 예정이라면 샴푸, 칫솔, 비누 등의 기본 세면도구를 챙겨야 하며 햇볕이 강한 도시인 만큼 선크림과 선글라스 역시 반드시 챙겨야 한다.

> **TIP**
> 비슷한 모양으로 인해 트렁크 분실이 종종 발생하니 트렁크 겉면에 스티커나 네임 태그를 붙여 잘 구분되게 하자.

D-1
최종 점검

여권, 항공권(e-티켓), 여행 경비, 사전 구입한 입장권 등 필수 물품을 꼼꼼하게 확인하자. 멀티 어댑터, 충전기, 메모리 카드 등의 가전제품과 의류 및 액세서리, 기타 물품도 점검해두자.

기내 반입 불가 물품

• 용기 1개당 100ml 초과 액체류 혹은 총량 1L를 초과하는 액체류: 잔량이 없더라도 용기가 100ml 이상이거나, 100ml 용기가 10개(1리터) 이상이면 기내 반입 불가
• 칼, 가위, 면도날, 송곳 등 무기로 사용될 수 있는 물품이나 총기류 및 폭발물, 탄약 인화 물질, 가스 및 화학 물질

위탁 수하물 반입 불가 물품

인화성 물질로 분류되는 라이터나 가스를 주입하는 라이터는 항공기 반입 자체가 금지된다. 휴대용 라이터는 1개에 한해 반입 가능하다.(단 본인 휴대에 한함)

마카오 입국 가이드

우리나라에서 마카오로 이동하기

공항을 이용한 입국 방법은 전 세계 어느 도시나 비슷하다. 다만 마카오 국제공항은 우리나라의 공항과 비교 불가할 만큼 작고 운항 편수도 많지 않아 시간이 오래 걸리거나 공항 안에서 헤멜 일이 거의 없다.

STEP 01
항공사 선택하기

- 하루 평균 7~8대의 비행기가 우리나라와 마카오를 오간다.
- 항공권 검색 시 대한항공과 아시아나항공도 검색이 되지만 이는 코드쉐어로 실제로는 진에어와 에어마카오를 타게 된다.
- 대만이나 상해를 경유하는 항공도 있지만 금액 차가 크지 않다. 짧은 여행 일정을 고려해 직항 항공을 추천한다.
- 인천, 김포, 김해, 제주 등 우리나라의 주요 국제공항에서 마카오까지는 대략 3시간 30분이 소요된다.

STEP 02
마카오 국제공항에서 입국 심사 진행하기

- 홍콩과 달리 마카오는 기내에서 입국 카드를 작성할 필요가 없다.
- 공항 내 표지판은 한자·포르투갈어·영어 세 언어로 표기되어 있으니 참고하자.
- 마카오 국제공항에 도착하면 Foreigners 또는 Visitors 심사 줄에 선다.
- 입국 심사 시 심사관이 직업, 방문 목적, 이용 호텔 등을 물어볼 경우를 대비해 미리 간단한 대답을 준비하는 편이 좋다. 특별한 경우가 아니라면 한국인 여행객은 질문 없이 통과될 때가 많다.

STEP 03
마카오 국제공항에서 시내로 이동하기

- 공항에서 시내 주요 호텔까지 이동은 호텔 셔틀버스 이용이 가장 일반적이다.
- 호텔 셔틀버스는 해당 호텔의 투숙객이 아니어도 누구나 무료로 탑승 가능하다.

마카오만 여행한다면 직항 항공을 이용하는 편이 가장 편리하다. 그러나 마카오와 홍콩을 함께 여행한다면 마카오로 입국해 홍콩까지는 페리나 버스를 이용해 이동한 후 홍콩에서 출국하면 된다. 또는 반대로 홍콩으로 입국해 마카오에서 출국하는 방법도 가능하다. 이 경우 마카오-홍콩 간 이동을 왕복이 아닌 편도만 이용할 수 있어 더욱 편리하다. 단, 홍콩 인 마카오 아웃, 마카오 인 홍콩 아웃 모두 일정이 한정적이라 출발·도착 시간을 꼼꼼히 살피고 결정해야 한다.

홍콩 경유해서 마카오로 이동하기

홍콩과 마카오를 함께 보는 여행객이라면 적어도 한 번은 거쳐야 하는 과정이 바로 도시 간 이동이다. 홍콩에서 마카오까지 이동은 페리 이용이 가장 일반적이지만 2018년 강주아오 대교 건설 이후 버스로도 가능해졌다.

STEP 01
출발지 확인하기

홍콩 시내 출발
고속 페리 또는 버스를 이용한 육로 이동 중 하나를 선택한다.

홍콩 공항 출발
홍콩 공항에 내려 시내로 나가지 않고 공항 내 스카이 선착장(Sky Pier)을 이용해 페리를 타고 마카오로 바로 이동할 수 있다. 단, 이용 편수가 시내 출발 편보다 월등히 적고 스케줄도 한정적이다.

STEP 02
이동수단 선택하기

페리
입출국 수속 과정이 간단하고 운항 시간도 1시간 정도로 짧다. 바다를 통과하는 것이기 때문에 우천 시 운항이 취소될 가능성이 있다.

버스
이동 시간은 페리와 비슷하지만 입출국 수속에 시간이 많이 소요되기 때문에 넉넉히 2시간은 잡아야 한다. 국경을 통과할 때 버스에서 내려 심사를 한 후 다시 버스에 탑승하는 수고가 따른다.

STEP 03
이동수단 구체적으로 살펴보기

고속 페리
· **터보젯 & 코타이 워터젯** 운영 회사별로 두 종류의 페리가 있다. 금액과 이동 시간이 모두 동일하기 때문에 출발·도착 시간이 편리한 것으로 선택하면 된다.
· 마카오에도 마카오반도 내 마카오 페리 터미널(Macㅂ려 Ferry Terminal)과 타이파의 타이파 페리 터미널(Taipa Ferry Terminal) 두 곳의 터미널이 있다. 이용 호텔 위치를 고려해 도착 터미널을 선택하면 된다.

버스
HZM 버스 & 홍마 익스프레스 & 원 버스 버스 종류에 따라 출발·도착 터미널, 금액, 운항 시간 등이 모두 다르다. 97페이지의 표를 꼼꼼히 확인한 후 선택하자.

마카오로 이동하기

 한국 공항에서 출국

STEP 01 공항 도착
항공기 출발 최소 2시간 전에는 공항에 도착해야 한다. 인천 공항의 경우 제1터미널과 제2터미널 간의 거리가 멀어 이용하는 항공의 터미널을 정확히 파악해야 한다. 마카오로 가는 항공은 대부분 제2터미널을 이용하지만 사정에 따라 변경될 수 있다는 점 참고하자.

STEP 02 탑승 수속 및 수하물 부치기
이용 항공사의 카운터로 가 여권과 항공 이-티켓을 제시하고 탑승권을 수령한다. 이때 부치는 수하물도 같이 처리한다. 셀프 체크인을 이용했다면 항공사 카운터에 따로 마련된 셀프 체크인 전용 창구로 가 수하물만 부치면 된다. 만약 기내 반입 가능한 물품만 챙겼다면 수하물을 부칠 필요 없이 바로 출국장으로 들어가도 된다. 리튬 배터리 및 보조 배터리는 부치는 짐이 아닌 기내로 휴대해야 한다.

STEP 03 환전, 포켓 와이파이 및 유심 칩 수령
출국 게이트로 들어가면 다시 나올 수 없으므로 미처 준비하지 못한 것이 있는지 확인하자. 환전 금액 수령 및 통신사 로밍이나 와이파이 기기 대여도 잊지 말자.

STEP 04 보안 검색 및 출국 심사
일반적으로 항공 출발 2시간 전부터 가능하지만 성수기에는 엄청난 인파가 몰려 대기 시간이 상상 이상으로 늘어나므로 준비를 마쳤다면 서둘러 출국 심사를 받는 편이 좋다. 노트북과 휴대폰은 따로 바구니에 넣고 외투와 벨트 등을 벗고 검색대를 통과한다.

STEP 05 면세품 수령
구매한 면세품이 있다면 해당 인도장으로 이동해 물품을 수령하자. 여권과 탑승권, 물품 수령권을 지참해야 한다. 물론 여권만 제시해도 구입한 물건을 받는 데는 지장이 없다.

STEP 06 탑승 게이트 대기 및 항공편 탑승
탑승권에 기재된 게이트에서 대기한 후 승무원의 안내에 따라 비행기에 탑승한다.

> **TIP**
> **패스트트랙을 통한 빠른 출국 심사**
> 어린이와 노약자를 동반했다면 패스트트랙을 이용해 긴 줄을 서지 않고 빠르게 출국 심사대를 통과할 수 있다. 체크인 시 항공사 카운터에서 패스트트랙을 이용하고 싶다고 말하면 교통 약자 확인증을 발급해 준다. 장애인, 만 7세 미만 어린이와 보호자, 만 70세 이상 고령자, 임산부 수첩을 소지한 임산부와 동반한 3인까지 이용 가능하다.

항공사나 여행지가 달라도 공항 이용 방법은 누구에게나 동일하니 한 번만 정확히 파악하면 다음번 여행에서도 유용하다. 출국 시 스마트폰 앱이나 공항 내 키오스크 시스템을 이용해 셀프 체크인을 하면 줄을 오래 서지 않아도 되니 적극 활용해보자.

✈ 마카오 국제공항 입국

STEP 01 입국 심사
마카오는 출입국신고서 없이 여권만으로 입국 심사를 진행한다. 심사관 앞에 서면 머무는 숙소나 전체 일정 등 간단한 질문을 한 후 여권에 입국 허가 스탬프를 찍어주는데 한국인이라면 특별한 질문 없이 바로 통과되는 경우가 많다.

STEP 02 수하물 찾기
입국 심사대를 빠져나오면 타고 온 비행기의 짐이 어디에서 나오는지 번호를 확인한 후 해당 컨베이어 벨트로 가 짐을 기다린다. 만약 짐이 나오지 않는다면 수하물 안내 데스크로 가 분실 신고를 한다. 이때 호텔 주소를 적으면 짐을 찾은 후 호텔까지 무료로 보내준다. 수하물 분실은 의외로 자주 발생하기 때문에 아예 기내용 가방만 이용하는 사람들도 있다. 가방 안에 100ml 이상의 액체류만 없으면 가능하며 항공사별 기내 수하물 무게 규정을 반드시 확인해야 한다.

STEP 03 세관 통과
짐을 찾은 후 출구로 나가기 전 세관 검사대를 거치게 된다. 현금 및 현금성 자산 MOP120,000 이상 소지했을 시 세관 신고를 반드시 해야 한다. 술은 30% 이하 1L까지, 담배는 19개피까지만 반입 가능하며 의약품은 30일 치료 분량을 초과할 수 없다. 치료용 약을 가져가야 한다면 만약의 사태에 대비해 영문 처방전을 준비하는 편이 좋다.

STEP 04 유심 칩 구입
해외 로밍 서비스를 이용하지 않을 계획이라면, 그리고 한국에서 미리 유심 칩을 구입하지 않았다면 마카오 공항 1층 세븐일레븐에서 유심 칩을 구입하면 된다. 불량품이 있을 수 있으니 구입 후 현장에서 바로 유심 칩을 교체한 후 인터넷 연결 유무를 확인하자.

STEP 05 호텔 무료 셔틀버스 탑승
공항에서 호텔 이동 시 택시도 가능하지만 호텔 무료 셔틀버스 이용이 가장 일반적이다. 공항 맞은편 터미널에 각 호텔별 버스가 쭉 늘어서 있는데, 공항 내 표지판을 잘 따라가면 된다. 표지판은 'Hotel Shuttle'이라는 영어 표기와 함께 '호텔리무진'이라는 한글 표기가 함께 있어 찾기가 수월하다. 주요 호텔까지는 10~20분가량 소요된다.

⚓ 페리

강주아오 대교가 개통했음에도 여전히 많은 여행객이 홍콩과 마카오를 오가는 데 페리를 이용하는 것은 버스에 비해 수속 절차가 간단하고, 터미널의 시내 접근성이 좋기 때문이다. 국경을 오가는 것이지만 여권을 검사하는 것 말고는 복잡한 수속 절차는 없으니 크게 긴장하지 않아도 된다.

▪ 페리 이용 방법

STEP 01

출발지 확인하기
성완 슌탁센터(Shuntak Centre)의 홍콩 마카오 페리 터미널(Hong Kong Macau Ferry Terminal)과 홍콩 국제공항(Hong Kong International Airport)의 스카이 페리 터미널(Sky Ferry Terminal)이 있다. 무거운 캐리어를 들고 이동한다면 호텔에서 최대한 가까운 쪽을 선택하면 된다.

STEP 02

목적지 확인하기
마카오에는 마카오 페리 터미널(Macau Ferry Terminal)과 타이파 페리 터미널(Taipa Ferry Terminal) 두 곳의 터미널이 있다. 홍콩과 마찬가지로 이용하는 호텔에서 가까운 쪽을 선택하면 된다. 어느 쪽이든 호텔 셔틀버스 이용이 가능하다.

STEP 03

운행사 선택하기
터보젯(Turbo Jet)과 코타이 워터젯(Cotai Water Jet) 두 종류의 페리가 있다. 이동 시간과 금액에 큰 차이는 없다.

STEP 04

시간 및 요금 확인하기
어떤 페리를 이용하든 순수 운항 시간은 1시간 안팎이다. 금액은 주말이나 야간 이동 시 조금 더 비싸며 일반석보다는 일등석이 비싸다. 하지만 일등석이라 해도 항공기처럼 눈에 띄는 차이는 없다.

STEP 05

예약하기
주말이 아니라면 현장 예매도 충분히 가능하다. 다만 시간을 절약하고 싶다면 온라인 사전 예매를 추천한다.

TIP
알아두면 유용한 페리 이용 방법

예약 방법
온라인을 통한 사전 예매 시 터보젯과 코타이 워터젯 공식 홈페이지를 이용하면 된다. 최근에는 클룩이나 마이리얼트립 등 한국의 예약 플랫폼을 통해서도 동일한 금액으로 예약이 가능해졌다.
• 터보젯 turbojet.com.hk
• 코타이 워터젯 cotaiwaterjet.com

탑승 시 주의사항
수속이 간단하다고는 하나 초행길이고 터미널에서 헤멜 수 있다는 점을 감안해 페리 탑승 시 1시간 전에는 터미널에 도착하는 편이 좋다. 국경을 통과하는 일이니 만큼 여권을 반드시 소지해야 한다는 점 기억하자.

시간 변경 및 좌석 선택
예약 편보다 시간을 당기고 싶다면 좌석이 남은 경우에 한해 현장에서 무료 변경이 가능하다. 사전 좌석 배정은 온라인에서는 불가능하고 탑승 게이트에서 선택할 수 있다.

멀미 주의 및 운행사 비교
페리는 호화 유람선이 아니라서 파도에 심하게 흔들린다. 따라서 평소 멀미가 심하다면 탑승 전 멀미약을 복용하는 편이 좋다. 터보젯 슈퍼 클래스와 코타이 워터젯의 코타이 퍼스트 클래스는 좌석이 보다 쾌적하고 내릴 때 우선권이 주어지며 간단한 음료와 스낵 등이 제공된다.

- **페리 일정 및 요금 비교**

출발지	홍콩 성완			홍콩 국제공항	
출발 터미널	홍콩 마카오 페리 터미널			스카이 페리 터미널	
도착지	마카오 페리 터미널	타이파 페리 터미널		마카오 페리 터미널	타이파 페리 터미널
운행사	터보젯	터보젯	워터젯	터보젯	워터젯
소요 시간	70분	70분	60분	60분	60분
운행 일정	9월 1일 기준 07:30　08:00 08:30　09:00 09:30　10:00 10:30　11:00 11:30　12:00 12:30　13:00 13:30　14:00 14:30　15:00 15:30　16:00 16:30　17:00 17:30 야간 운행 18:30　19:30 20:30　21:30 　　　23:30	09:15　11:15 12:15 (월·목·토·일 운행) 14:45　15:45	07:30　08:30 09:30　10:30 11:00　11:30 12:30　13:30 14:00　14:30 15:30　17:00 18:00　19:00 20:00　21:00 23:00	12:30	임시 운영 중단
요금					
평일 일반석	HK$175	HK$175	HK$175	어른 HK$297 어린이(2~12세) HK$226 유아(2세 미만) HK$165	어른 HK$297 어린이 HK$225
주말/공휴일 일반석	HK$190	HK$190	HK$190		
야간 일반석	HK$220	HK$220	HK$220		
평일 일등석	HK$365	HK$365	HK$310	어른 HK$479 어린이(2~12세) HK$358 유아(2세 미만) HK$237	어른 HK$448 어린이 HK$354
주말/공휴일 일등석	HK$395	HK$395	HK$329		
야간 일등석	HK$415	HK$415	HK$360		

★ 24년 9월 기준 일정 및 요금. 상황에 따라 변경될 수 있으니 여행 전 홈페이지에서 확인 요망.
　터보젯 turbojet.com.hk 코타이 워터젯 cotaiwaterjet.com

🚌 버스

2018년 10월 24일 10여 년간의 공사를 끝내고 홍콩과 마카오, 주해를 잇는 6차선 자동차 전용 도로 강주아오 대교(Hong Kong-Zhuhai-Macau Bridge, 港珠澳大橋)가 개통되며 도시 간 육로 이동이 가능해졌다.

■ 버스 이용 방법

STEP 01
운행사 선택하기
HZM 버스(HZM Bus 金巴), 홍-마 익스프레스(HK-MO Express 港澳快線), 원 버스(One Bus 港澳1號)까지 세 종류의 버스가 있다.

STEP 02
출발지 선택하기
버스 종류에 따라 시내 출발이 가능한 것도 있고, 공항 인근의 국경까지 이동한 후 다시 해당 버스를 탑승해야 하는 것도 있다. 반대로 마카오에서 출발해 홍콩으로 향한다면 호텔에서 바로 출발하는 버스를 이용하는 편이 편리하다.

STEP 03
목적지 확인하기
버스 종류에 따라 마카오 국경 인근에서 내리는 버스도 있고 몇몇 주요 호텔에서 내리는 버스도 있다. 바로 출국하는 경우가 아니라면 당연히 시내 호텔에서 내리는 편이 편리하다.

STEP 04
시간 및 요금 확인하기
버스 종류에 따라 금액과 스케줄은 물론 이용 방법까지 모두 다르다. 우측 페이지의 표를 꼼꼼히 확인한 후 가장 편리한 것으로 선택하자.

STEP 05
예약하기
원 버스는 공식 홈페이지(www.onebus.hk/en)를 통해, 홍-마 익스프레스는 클룩(Klook)을 통해 티켓 사전 구매가 가능하다. HZM 버스는 홈페이지에서 영어 서비스를 지원하지 않아 티켓 사전 구입이 불편하다.

🅣🅘🅟 알아두면 유용한 버스 이용 방법
세 종류의 버스 중 HZM 버스는 홍콩 국제 공항 인근의 국경에서 탑승해 마카오 국경까지 연결하는 것이며, 홍-마 익스프레스와 원 버스는 홍콩 시내에서 탑승할 수 있지만, 이 역시 국경에 도착하면 일단 짐을 들고 버스에서 내려 출경 심사를 한 후 다시 버스에 탑승해야 한다. 마찬가지로 마카오 국경 도착 시에도 버스에서 내려 입경 심사를 마친 후 다시 버스에 탑승해야 한다.

<table>
<tr><td>

강주아오 대교

</td><td>

강주아오 대교는 총길이 55km로 해상 대교로서는 세계 최장 길이이며 대형 선박이 다니기 쉽도록 일부 구간은 해저 터널로 만들었다. 해저 터널은 6.7km로 역시 세계 최장 길이이다. 사전에 허가받은 차량만 들어갈 수 있어 여행객들은 세 종류의 버스 이용만 가능하고 렌터카 이용은 불가하다.
홍콩과 마카오는 모두 차선이 좌측통행이지만 강주아오 대교에선 중국처럼 우측통행해야 한다. 차량이 출입 심사대를 통과하면 좌측 도로에서 우측 도로로 바꿔서 이동한다.

</td></tr>
</table>

■ 버스 일정 및 요금 비교

버스 종류	HZM 버스 HZM Bus 金巴	홍-마 익스프레스 HK-MO Express 港澳快線	원 버스 One Bus 港澳一號
홍콩 출발	홍콩 국경(홍콩 국제공항 인근)	홍콩 시내(차이나 홍콩 시티 쇼핑몰/MTR 프린스에드워드역/엘리먼츠 쇼핑몰)	홍콩 MTR 조던역(인근 원 버스 매표소 C505 Canton Rd에서 티켓 구입)
마카오 출발	마카오 국경	마카오 호텔 7곳 (베네시안 마카오/갤럭시 마카오/스타월드 호텔/그랜드 리스보아/MGM 코타이/샌즈 마카오/MGM 마카오)	마카오 호텔 3곳 (샌즈 마카오/베네시안 마카오/더 런더너 마카오)
운행 시간	24시간 주간(06:00~23:59, 5~15분 간격) 야간(00:00~05:59, 15~30분 간격)	**홍콩 → 마카오** 08:15~20:20(15~30분 간격) **마카오 → 홍콩** 07:50~21:15(15~30분 간격)	**홍콩 → 마카오** 08:00~18:00(1시간 간격) **마카오 → 홍콩** 11:00~21:00 (1시간 간격, 출발 호텔에 따라 다름)
요금	HK$65(월~일, 주간) HK$70(월~일, 야간)	HK$160(평일) HK$180(주말, 공휴일)	**성인** HK$160(평일, 18시 이후 탑승 HK$180), HK$180(주말·공휴일) **0~3세 어린이** HK$60(평일, 18시 이후 탑승 HK$80), HK$80(주말·공휴일)
소요 시간 (버스 탑승 시간)	약 45분	약 1시간 10분	약 1시간 45분
이용 방법	**홍콩 → 마카오** ① 홍콩 국제공항 Car Park 1 방면 버스 정류장 도착 ② B4버스(HK$7.5) 탑승 후 홍콩 HZM 버스 포트 2층 출발장 하차 ③ 홍콩 출경 심사 통과(홍콩 입국 시 비행기에서 작성한 입국 신고서 지참) ④ HZM 버스 키오스크에서 승차권 구입 ⑤ 버스 승강장에서 HZM 버스 승차 **마카오 → 홍콩** ① 마카오 HZMB 포트에서 수하물 검사 ② HZM 버스 키오스크에서 승차권 구입 ③ 마카오 출경 심사 통과 ④ 홍콩행 HZM 버스 승강장에서 승차	**홍콩 → 마카오** ① 홍콩 시내 두 곳 버스 터미널에서 홍-마 익스프레스 버스 탑승 ② 홍콩 국경 도착 후 버스에서 내려 출경 심사 통과(수하물 반드시 소지) ③ 출경 심사 완료 후 20분 내로 타고 온 버스 다시 승차 **마카오 → 홍콩** ① 마카오 호텔 7곳에서 홍-마 익스프레스 버스 탑승 ② 마카오 국경 도착 후 버스에서 내려 출경 심사 통과(수하물 반드시 소지) ③ 출경 심사 완료 후 20분 내로 타고 온 버스 다시 승차	**홍콩 → 마카오** ① 홍콩 시내 조던역 C505 Canton Rd에서 원 버스 탑승 ② 홍콩 코우안 도착 후 버스에서 내려 출경 심사 통과(수하물 반드시 소지) ③ 출경 심사 완료 후 20분 내로 타고 온 버스 다시 승차 **마카오 → 홍콩** ① 마카오 호텔 3곳에서 티켓 구입 후 원 버스 탑승 ② 마카오 코우안 도착 후 버스에서 내려 출경 심사 통과(수하물 반드시 소지) ③ 출경 심사 완료 후 20분 내로 타고 온 버스 다시 승차

- HZM 버스의 경우 홍콩 출발 시에는 홍콩 달러와 옥토퍼스 카드만 이용 가능하며 마카오 출발 시에는 홍콩 달러, 마카오 파타카, 옥토퍼스 카드 모두 쓸 수 있다.
- 홍-마 익스프레스와 원 버스 이용 시 국경에 도착해서 반드시 짐을 모두 내려 국경 수하물 검사를 완료 한 후 다시 버스에 실어야 한다.
- 홍콩과 마카오의 시내를 오가는 홍-마 익스프레스와 원 버스는 당일치기 여행 시에 더 편리하며 공항으로의 이동을 원한다면 HZM 버스가 더 편리하다.
- 상기 소요 시간은 순수 버스 탑승 시간 기준이며 도로 상황, 출입국 심사 등을 고려해 넉넉히 2시간가량 예상해야 한다.
- 원 버스는 공식 홈페이지(onebus.hk/en)를 통해, 홍-마익스프레스는 클룩(Klook)을 통해 티켓 사전 구입이 가능하다. HZM 버스도 홈페이지에서 가능하나, 영어 서비스를 지원하지 않아 티켓 사전 구입이 불편하다.
- 24년 9월 기준 일정 및 요금. 상황에 따라 변경될 수 있으니 여행 전 홈페이지에서 확인 요망.

마카오 시내 교통

마카오만큼 이동이 편리한 도시가 또 있을까? 도시가 작아 어지간한 곳은 도보 이동이 가능하며 누구라도 호텔 셔틀버스를 무료로 탑승할 수 있다. 최근에는 경전철까지 생겨 코타이 스트립 내 호텔이나 공항 등 주요 지점까지의 이동이 더욱 편리해졌다.

🚌 호텔 셔틀버스

마카오 여행에서 그나마 장거리라 할 수 있는 마카오반도와 코타이 스트립을 오가는 경우, 그리고 공항과 페리 터미널에서 시내를 오가는 경우라면 호텔 셔틀버스 이용이 가장 편리하다. 해당 호텔의 투숙객이 아니어도 누구나 무료로 이용 가능하며 비교적 늦은 시간까지 운행한다는 점도 셔틀버스를 추천하는 이유 중 하나다.

- **이용 방법**

  무료이기 때문에 따로 티켓을 구입할 필요는 없고 정류장에서 줄을 서는 게 유일한 탑승 방법이다. 공항과 페리 터미널에는 호텔 셔틀버스 탑승 장소가 따로 마련되어 있고 곳곳에 표지판이 있어 찾기도 어렵지 않다. 단, 시내의 셔틀버스 정류장은 매우 한정적이기 때문에 정류장까지 도보 이동은 감수해야 한다. 코타이 스트립 내 호텔 앞에서 탑승하는 경우라 해도 호텔 자체가 워낙 커 정류장까지 꽤나 먼 거리를 돌아가는 경우도 많다.

- **셔틀버스 주요 노선**

  모든 호텔 셔틀버스가 공항과 페리 터미널까지 가기 때문에 공항이나 페리 터미널로의 이동은 당연히 투숙하는 호텔 버스를 이용하면 된다. 단, 코타이 스트립이나 타이파에서 세나도 광장까지 장거리 시내 이동의 경우 마카오반도의 그랜드 엠퍼러 호텔 앞에 정차하는 시티 오브 드림즈나 스튜디오 시티의 버스를 이용하면 된다. 또한 다소 외곽인 마카오 타워에 가고자 한다면 MGM 코타이와 MGM 마카오 버스를 이용하면 된다.

▪ 마카오 호텔 셔틀버스 노선 및 시간표

호텔	왕복 행선지	가는 편	오는 편	간격
베네시안 마카오	마카오 국경	09:30~22:00	09:00~22:00	5~10분
	샌즈 마카오	11:00~22:30	11:00~22:30	15~20분
	마카오 페리 터미널	09:40~20:40	09:00~20:00	12~15분
	마카오 국제공항	11:00~21:00	11:00~21:00	15~20분
	타이파 페리 터미널	08:10~23:35	08:45~00:15	7~10분
파리지앵 마카오	마카오 국경	09:30~22:00	09:00~22:30	8~10분
	샌즈 마카오	11:00~22:30	11:00~22:30	18~20분
	마카오 페리 터미널	09:45~20:45	09:00~20:00	12~15분
	마카오 국제공항	11:05~21:10	11:00~21:00	12~15분
	타이파 페리 터미널	08:10~23:40	08:45~00:15	7~10분
더 런더너 마카오	마카오 국경	09:30~22:00	09:00~22:30	6~8분
	마카오 페리 터미널	09:30~20:30	09:00~20:00	12~15분
	샌즈 마카오	11:05~22:35	11:00~22:30	18~20분
	마카오 국제공항	11:00~21:00	11:00~21:00	12~15분
	타이파 페리 터미널	08:10~23:35	08:45~00:15	7~10분
	HZMB 터미널	09:45~21:15	09:00~21:00	8~10분
시티 오브 드림즈	마카오 국경	09:45~23:30	09:00~23:05	6~8분(21:00 이후 15~20분)
	마카오 페리 터미널	11:20~22:00	10:30~21:05	20~35분
	타이파 페리 터미널 & 마카오 국제공항	10:10~22:25	09:30~21:30	10~15분
	스튜디오 시티	09:10~23:15	09:35~23:30	6~8분(21:00 이후 15~20분)
	알티라 호텔	11:45~22:35	10:55~22:05	25~45분
스튜디오 시티	마카오 국경	09:35~23:30	09:00~23:05	6~8분(21:00 이후 15~20분)
	마카오 페리 터미널	11:10~21:50	10:30~21:05	20~35분
	타이파 페리 터미널 & 마카오 국제공항	10:00~22:15	09:30~21:30	15분
	시티 오브 드림즈	09:35~23:30	09:10~23:15	6~8분(21:00 이후 15~20분)
	알티라 호텔	11:35~22:25	10:55~22:55	25~45분
MGM 코타이	마카오 국경	09:00~23:30	09:00~23:30	20분
	마카오 페리 터미널 ↔ 타이파 페리 터미널 ↔ 마카오 국제공항	09:00~21:00	09:00~21:00	15분
	마카오 타워 ↔ MGM 마카오	09:00~23:30	09:00~23:30	15분
칼 라거펠트 호텔	마카오 국경	09:00~23:30	09:00~23:30	12~20분
	그랜드 리스보아	10:00~23:45	10:00~23:45	5~30분
	마카오 타워	13:05~21:00	13:05~21:00	20~35분
	뉴 야오한 백화점	13:00~20:55	13:00~20:55	20~35분
	타이파 페리 터미널	10:00~23:20	10:00~23:20	10~20분
	마카오 페리 터미널	10:20~23:00	10:20~23:00	20~30분
	마카오 국제공항	10:02~23:22	10:02~23:22	10~20분
갤럭시 마카오	마카오 국경	09:00~23:30	09:00~23:30	10~15분
	타이파 페리 터미널	10:15~23:15	10:15~23:15	15~20분
	마카오 페리 터미널	09:45~23:15	09:45~23:15	30분
	스타월드 호텔	10:00~22:00	10:00~22:00	15분
	마카오 국제공항	10:00~21:00	10:15~20:45	35분
윈 팰리스	마카오 국경	09:00~23:30	09:00~23:30	10~20분
	윈 마카오	09:30~22:00	09:30~22:00	15~20분
	타이파 페리 터미널 & 마카오 국제공항	09:00~21:30	09:00~21:30	15~20분
	리스보에타 마카오	12:00~21:00	12:00~21:00	20분

★ 24년 9월 기준 일정 및 요금. 상황에 따라 변경될 수 있으니 이용하는 호텔 홈페이지에서 확인 요망.

🚈 경전철

마카오의 중국 반환 20주년을 맞이해 마카오 시내에 새로운 교통 시스템인 경전철 LRT가 개통했다. 총 9.3km 길이의 모노레일로 현재는 타이파와 코타이 스트립 내 11개 역을 통과하며 추후 마카오반도까지 연결될 예정이다. 코타이 스트립 내 주요 호텔 및 관광지는 물론 마카오 국제공항과 타이파 페리 터미널까지 갈 때도 호텔 셔틀버스 못지않게 유용하다.

▪ LRT 노선도

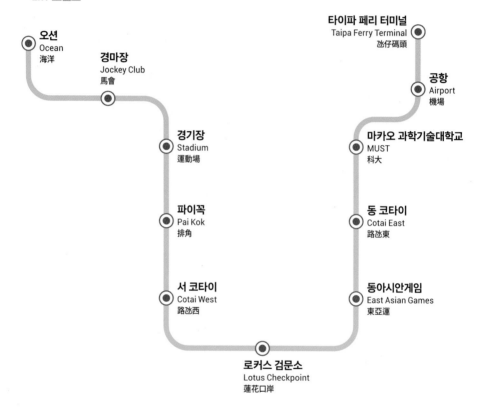

이용 금액

경전철 이용권은 일회용 플라스틱 토큰 형식이며 이동하는 정거장 수에 따라 금액이 정해진다.

토큰 타입		3정거장 이하	4~6 정거장	7~10 정거장
일반 토큰(파란색)	만 12세 이상 성인	MOP 6	MOP 8	MOP 10
할인 토큰(녹색)	만 12세 미만 및 만 65세 이상	MOP 3	MOP 4	MOP 5

★ 일회용 토큰이 아닌 충전식 선불 카드인 LRT 카드 이용 시 토큰 가격에서 50% 할인가로 이용 가능하다.

이용 시간

월~목 06:30~23:15 / 금·토·일·공휴일 06:30~23:59 / 배차 간격 5~10분

버스

마카오 구석구석을 연결하는 버스 노선 중 여행객에게 유용한 노선은 대여섯 개 정도다. 정류장마다 정차하는 버스 번호와 노선, 금액이 정리된 둥근 박스 모양의 안내판이 있어 이를 확인한 후 탑승하면 된다. 정류장 이름이 포르투갈어라 알아보기가 힘들지만, 여행객이 이용하는 노선과 정류장은 특정되어 있으므로 조금만 집중하면 된다.

이용 방법

❶ 우리나라처럼 앞문으로 탑승하며 요금을 내고 벨을 누르고 뒷문으로 내린다. 요금은 MOP 6이다.

❷ 마카오에도 충전식 교통 카드 마카오 패스가 있지만, 잔액 환불이 마카오 세계무역센터 내 고객 서비스 센터에서만 가능하므로 장기 여행이 아니라면 현금 지불이 편리하다.

❸ 버스 요금을 지폐로 지불할 경우 남은 돈을 거슬러주지 않으므로 잔돈을 준비하자.

❹ 마카오는 일방통행이 많아 왔던 길을 그대로 돌아가는 버스가 거의 없다. 따라서 어떤 방향이든 버스 노선표를 잘 확인하고 탑승해야 한다.

❺ 2박 3일이나 3박 4일가량 마카오에 머무는 여행객의 경우 콜로안 빌리지 방문 외 시내버스를 이용할 일은 거의 없다고 봐도 무방하다.

여행자에게 유용한 버스 노선

노선	운행	주요 관광지
3	06:00~01:15 4~8분 간격	그랑프리 박물관, 세나도 광장, 그랜드 리스보아, 마카오 페리 터미널, 국경
10	05:45~01:15 6~8분 간격	그랑프리 박물관, 세나도 광장, 그랜드 리스보아, 마카오 페리 터미널, 국경
32	06:00~00:00 8~15분 간격	그랑프리 박물관, 마카오 페리 터미널, 마카오 타워
21A	06:30~00:30 20~30분 간격	아마 사원, 세나도 광장, 시티 오브 드림즈, 콜로안 빌리지, 학사 비치
26A	06:00~01:00 8~15분 간격	아마 사원, 세나도 광장, 베네시안 마카오, 타이파 빌리지, 콜로안 빌리지
28A	06:30~00:10 10~18분 간격	그랑프리 박물관, 마카오 페리 터미널, 타이파 빌리지

택시

버스 이용이 어렵게 느껴진다면 택시 이용을 적극 추천한다. 콜로안 빌리지처럼 멀리 가는 경우라면 버스가 더 경제적이지만 대부분 시내 관광지 이동은 택시로 10분 안팎이면 충분해 요금 부담이 적다. 단, 홍콩과 마찬가지로 대부분의 택시 기사들이 영어에 서툴기 때문에 지도상 위치를 짚어주거나 목적지를 한자로 적어 보여주는 편이 편리하다. 주요 명소를 한자로 나타내는 애플리케이션인 '마카오 택시'를 다운로드하자.

요금

기본요금은 1.6km까지 MOP19, 이후 240m마다 MOP2씩 추가된다. 마카오반도에서 콜로안까지 약 MOP5, 타이파에서 콜로안까지는 약 MOP2, 시내에서 마카오 국제공항까지는 약 MOP5의 추가 요금이 발생한다. 트렁크에 싣는 짐은 개당 MOP3의 추가 요금이 발생한다.

도보

마카오반도 또는 코타이 스트립 안에서만 이동한다면 도보로도 충분하다. 마카오반도의 거의 모든 성당과 세계문화유산이 세나도 광장을 중심으로 반경 1km 안에 있다. 산책하는 기분으로 천천히 걷기 좋다. 거리 곳곳 한자와 포르투갈어가 병기된 표지판이 많지만 사실상 보통의 여행자에겐 무용지물이다. 하지만 표지판을 확인하지 않아도 길을 잃을 일이 거의 없는 작은 도시이니 걱정을 덜고 도보 여행에 도전해보자.

마카오 기본 당일 코스
마카오반도+코타이 스트립

DAY
01

하루 동안 마카오의 핵심 관광지를 둘러보는 코스.
당일 일정으로도 마카오의 매력을 충분히 만끽할 수 있다.
여러 곳을 이동하기보다 도보 여행 위주로 다녀보자.

10:00 호텔 주변에서 아침 식사 후 이동

셔틀버스 10분

세나도 광장을 중심으로
성 바울 성당 유적까지 도보 여행 P.133 **11:00**

도보 10분

12:30 솔마르에서
매캐니즈 요리로 점심 식사 P.137

셔틀버스 20분

14:30 파리지앵 마카오 에펠 전망대 오르기 P.056

도보 10분

스튜디오 시티 내 어트랙션 체험 P.057 **16:00**

도보 15분

베네시안 마카오 내 레스토랑
북방관 저녁 식사 P.169 **18:00**

셔틀버스 10분

20:00 호텔 도착

예상 경비

교통비	
터보젯 이코노미 좌석 왕복	MOP320
입장료	
파리지앵 마카오 에펠 전망대	MOP75
스튜디오 시티 골든 릴	MOP100
식비 및 기타	
솔마르, 북방관 식사	MOP500
기타	MOP100
TOTAL	**약 MOP1,095**

마카오 알짜배기 당일 코스
코타이 스트립 + 타이파

DAY 01

하루 여행 코스지만 여유롭게 누리고자 한다면
코타이 스트립의 주요 호텔 시설과 타이파 빌리지만
둘러보자. 마카오반도를 들르지 않기 때문에
시간을 잘 활용한다면 시티 오브 드림즈의 초대형 워터 쇼
'하우스 오브 댄싱 워터'도 관람할 수 있다.

10:00 호텔 조식 후 타이파 이동

셔틀버스 10분

11:00 타이파 빌리지 산책 P.157

도보 10분

신무이에서 굴국수로 가벼운 점심 식사 P.174 **13:00**

도보 15분

14:00 베네시안 마카오 구경 P.159

도보 5분

윈 팰리스에서 스카이 캡 탑승 P.050 **15:30**

도보 10분

16:30 하우스 오브 댄싱 워터 공연 관람 P.041

도보 10분

20:00 세인트 레지스 호텔 내 포르투갈 레스토랑
더 매너에서 저녁 식사 P.168

예상 경비

교통비

택시	MOP40

입장료

하우스 오브 댄싱 워터 공연 C석	MOP598

식비 및 기타

신무이, 더 매너 식사	MOP300
기타	MOP100

TOTAL 약 **MOP1,038**

홍콩 베이스, 마카오에서 하루 자는 1박 2일
타이파+코타이 스트립+
마카오반도까지 구석구석

DAY 01

홍콩 여행 3박 4일 일정 중 1박 2일을 마카오에서 머무는
여정으로, 가장 많은 여행객이 이 코스를 선택한다.

10:00 타이파 페리 터미널 도착

서틀버스 20분

11:30 호텔에 짐을 맡긴 후
킹스 랍스터에서 점심 식사 P.166

타이파 빌리지 산책 P.157　**13:00**

도보 15분

택시 10분

16:00 코타이 스트립 이동 후
파리지앵 마카오의 에펠 전망대 오르기 P.056

도보 10분

스튜디오 시티의 어트랙션 체험 P.057　**17:30**

도보 15분

베네시안 마카오 내 중식당
북방관에서 저녁 식사 P.169　**18:30**

도보 10분

호텔 체크인 후 세인트 레지스 바에서
칵테일 한잔 P.168　**21:00**

DAY 02

10:00 호텔 조식 후 마카오반도로 이동

셔틀버스 20분

11:00 세나도 광장에서 성 바울 성당 유적까지 도보 여행 P.133

도보 15분

13:00 매캐니즈 식당 솔마르에서
점심 식사 P.137

도보 15분

15:00 성 라자루 당구에서 사진 촬영 P.132

카페 싱글 오리진에서 롱 블랙 한 잔 P.147

도보 5분

16:30

도보 10분

완탕면 전문점 웡치케이에서 저녁 식사 후
호텔에 들러 짐 찾기 P.138

18:00

택시 15분

타이파 페리 터미널 도착 19:30

예상 경비

교통비

코타이 워터젯 이코노미 좌석 왕복	MOP320
택시	MOP80

입장료

스튜디오 시티 골든 릴	MOP100
에펠 전망대	MOP75

식비 및 기타

킹스 랍스터, 북방관, 솔마르, 웡치케이 식사	MOP800
세인트 레지스 바, 싱글 오리진	MOP250
쇼핑 등 기타	MOP150

TOTAL 약 MOP1,775

가장 이상적인 스케줄 2박 3일
타이파+콜로안+마카오반도
천천히 둘러보기

직장인이라면 휴가 쓸 필요 없이 주말만 이용해서
오갈 수 있는 가장 이상적인 스케줄로, 귀국 시
새벽 비행기를 이용하기 때문에 엄밀히 따지면 2박 4일의
스케줄이다. 외곽에 위치한 콜로안 빌리지 방문과
'하우스 오브 댄싱 워터' 공연 감상도 가능한 코스다.

DAY 01

13:35 마카오 국제공항 도착 후
호텔로 이동

셔틀버스 10분

14:30 호텔 체크인

택시 10분

신무이 P.174에서 굴국수로 가벼운 점심 식사 후
타이파 빌리지 P.157로 이동 **15:00**

도보 10분

16:00 타이파 빌리지 도착 후 쿤하 바자 P.155와
오문 P.181 기념품 숍에서 쇼핑

도보 1분

17:00 타이파 빌리지 산책 P.157

도보 5분

19:00 킹스 랍스터에서 저녁 식사 후 호텔로 이동 P.166

예상 경비

교통비	
버스 2회	MOP12
택시	MOP130
입장료	
하우스 오브 댄싱 워터 공연 C석	MOP598
식비 및 기타	
식사 6끼	MOP1,200
칵테일 및 에그타르트	MOP160
기타	MOP200

TOTAL 약 MOP2,300

DAY 02

호텔 조식 후 콜로안 빌리지로 이동 P.184 **10:00**

버스 20분

로드 스토우즈 베이커리에서
에그타르트 맛보며 바닷가 마을 산책 P.188 **11:30**

도보 5분

매캐니즈 식당
카페 응아 팀에서 점심 식사 P.187 **13:00**

버스 20분

베네시안 마카오
둘러보며 사진 찍기 P.159 **15:30**

도보 20분

윈 팰리스 케이블카 스카이 캡 탑승 P.050 **16:30**

도보 약 5분

훠궈 전문점
하이디라오
핫 폿에서
저녁 식사 P.169 **18:00**

택시 10분

초대형 워터 쇼 '하우스 오브 댄싱 워터' 감상 P.041 **19:30**

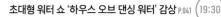

DAY 03

10:00 체크아웃 후 호텔에 짐을 맡기고
마카오반도로 이동

셔틀버스 20분

11:30 세나도 광장에서 성 바울 성당
유적까지 도보 여행 P.133

도보 15분

14:00 웡치케이에서
완탕면으로
점심 식사 P.138

도보 15분

15:30 성 라자루 당구에서 여유롭게 산책 P.132

도보 15분

17:00 펠리시다데 거리에서 사진 찍기 P.132

셔틀버스 20분

19:00 베네시안 마카오 내 딤섬 전문점
임페리얼 하우스 딤섬에서 저녁 식사 P.170

도보 10분

21:00 세인트 레지스 바에서 칵테일 한잔 후
호텔에 들러 짐 찾기 P.168

셔틀버스 10분

23:00 마카오 국제공항 도착

아이와 함께 2박 3일
마카오 가족 여행

도시 전체가 테마파크라 해도 과언이 아닌 마카오는
어린이를 동반한 가족 여행지로도 손색이 없다.
마카오 유일의 워터파크 시설이 들어선
갤럭시 호텔 숙박과 더불어 세계사 공부에 도움이 되는
유네스코 세계문화유산 지구 방문을 추천한다.

DAY 01

13:35 마카오 국제공항 도착 후
호텔로 이동

셔틀버스 10분

14:30 호텔 체크인

도보 5분

15:00 처칠스 테이블에서
애프터눈 티 세트 즐기기 P.172

도보 1분

16:30 호텔 내 워터 파크에서 물놀이

도보 5분

19:30 포르투갈 요리 전문점
드래곤 포르투기스 퀴진에서 저녁 식사 P.171

도보 10분

21:00 파리지앵 마카오 에펠 전망대 오르기 P.056

예상 경비

교통비	
택시	MOP60

입장료	
파리지앵 마카오 에펠 전망대	MOP75
마카오 타워 전망대	MOP195
스튜디오 시티 골든 릴	MOP100

식비 및 기타	
식사 6끼	MOP1,500
주전부리	MOP100
쇼핑 및 기타	MOP100

TOTAL	**약 MOP2,130**

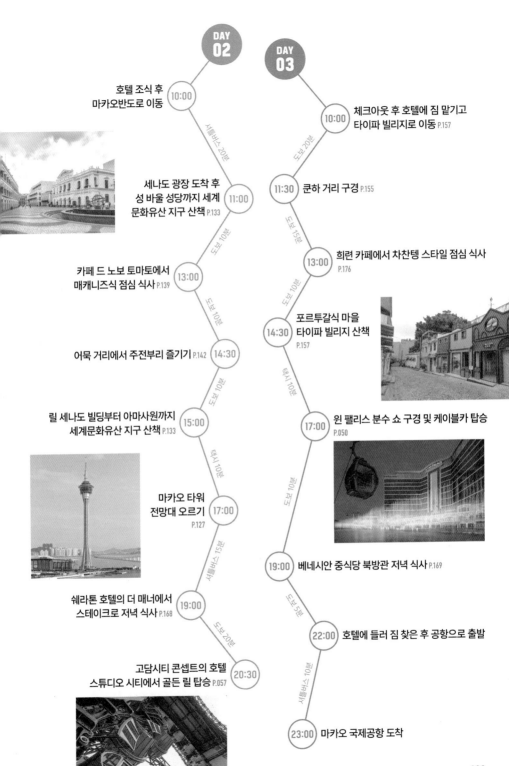

DAY 02

10:00 호텔 조식 후
마카오반도로 이동

서틀버스 20분

11:00 세나도 광장 도착 후
성 바울 성당까지 세계
문화유산 지구 산책 P.133

도보 10분

13:00 카페 드 노보 토마토에서
매캐니즈식 점심 식사 P.139

도보 10분

14:30 어묵 거리에서 주전부리 즐기기 P.142

도보 10분

15:00 릴 세나도 빌딩부터 아마사원까지
세계문화유산 지구 산책 P.133

택시 10분

17:00 마카오 타워
전망대 오르기 P.127

서틀버스 15분

19:00 쉐라톤 호텔의 더 매너에서
스테이크로 저녁 식사 P.168

도보 20분

20:30 고담시티 콘셉트의 호텔
스튜디오 시티에서 골든 릴 탑승 P.057

DAY 03

10:00 체크아웃 후 호텔에 짐 맡기고
타이파 빌리지로 이동 P.157

도보 20분

11:30 쿤하 거리 구경 P.155

도보 15분

13:00 희련 카페에서 차찬텡 스타일 점심 식사
P.176

도보 10분

14:30 포르투갈식 마을
타이파 빌리지 산책
P.157

택시 10분

17:00 윈 팰리스 분수 쇼 구경 및 케이블카 탑승
P.050

도보 10분

19:00 베네시안 중식당 북방관 저녁 식사 P.169

도보 5분

22:00 호텔에 들러 짐 찾은 후 공항으로 출발

서틀버스 10분

23:00 마카오 국제공항 도착

호캉스로 여유롭게 누리는 3박 4일
마카오 전역 모두 돌아보기

마카오는 2박 일정만으로도 충분하지만 최근에는 호캉스 여행객이
늘어나며 3박 이상의 여유로운 일정으로 마카오를 찾는
여행객이 많아졌다. 콜로안섬에서의 산책뿐 아니라 거리가 먼
학사 비치도 다녀올 수 있는 넉넉한 일정이다.

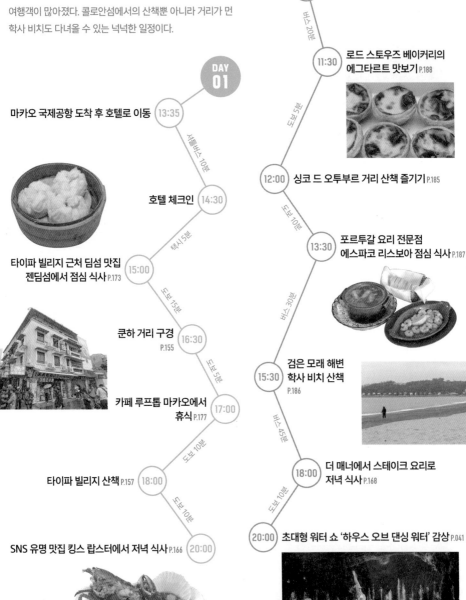

DAY 02

10:00 호텔 조식 후 콜로안 빌리지로 이동 P.184

버스 20분

11:30 로드 스토우즈 베이커리의
에그타르트 맛보기 P.188

도보 5분

12:00 싱코 드 오투부르 거리 산책 즐기기 P.185

도보 10분

13:30 포르투갈 요리 전문점
에스파코 리스보아 점심 식사 P.187

버스 30분

15:30 검은 모래 해변
학사 비치 산책
P.186

버스 45분

18:00 더 매너에서 스테이크 요리로
저녁 식사 P.168

도보 10분

20:00 초대형 워터 쇼 '하우스 오브 댄싱 워터' 감상 P.041

DAY 01

13:35 마카오 국제공항 도착 후 호텔로 이동

셔틀버스 10분

14:30 호텔 체크인

택시 5분

15:00 타이파 빌리지 근처 딤섬 맛집
젠딤섬에서 점심 식사 P.173

도보 15분

16:30 쿤하 거리 구경
P.155

도보 5분

17:00 카페 루프톱 마카오에서
휴식 P.177

도보 10분

18:00 타이파 빌리지 산책 P.157

도보 10분

20:00 SNS 유명 맛집 킹스 랍스터에서 저녁 식사 P.166

DAY 03

DAY 04

09:00 이른 시간 표기에서
죽과 국수 등으로 아침 식사 P.174

10:00 호텔 조식 후
마카오반도로 이동

택시 10분

12:00 호텔 복귀 후 체크아웃,
짐 맡기고 관광 시작

서틀버스 20분

10:30 세나도 광장을 중심으로
세계문화유산 지구 돌아보기
P.133

도보 10분

13:00 윈 팰리스 분수 쇼 구경 및
케이블카 탑승 P.050

도보 5분

14:30 MGM 코타이 내 스타벅스 리저브에서
스낵과 커피로 가벼운 점심 P.175

도보 10분

13:00 이슌 밀크 컴퍼니에서
우유 푸딩과 주빠빠오 점심 식사 P.141

코타이 LRT 10분

도보 5분

16:00 더 런더너 마카오 구경 P.160

14:30 펠리시다데 거리 사진 촬영 P.132

도보 10분

19:00 훠궈 전문점 하이디라오 핫 폿에서
저녁 식사 P.169

도보 5분

도보 5분

21:00 세인트 레지스 바에서
칵테일 한잔 후 짐 찾기
P.168

서틀버스 10분

15:30 카페 문예문에서 쉬어가기 P.146

23:00 마카오 국제공항 도착

도보 15분

17:00 성 라자루 당구 산책 P.132

도보 5분

18:00 메르세아리아 포르투게자에서 기념품 쇼핑
P.150

택시 15분

19:30 포르투갈 요리 전문점
아 로차에서 저녁 식사
P.140

예상 경비	
교통비	
택시	MOP110
버스	MOP18
LRT	MOP6
입장료	
하우스 오브 댄싱 워터 공연 C석	MOP598
식비 및 기타	
식사 9끼	MOP1,600
칵테일, 카페, 에그타르트	MOP245
쇼핑 등 기타	MOP100
TOTAL	약 MOP2,677

111

PART

05

진짜 마카오를 만나는 시간

MACAU

마카오반도

타이파

코타이

콜로안

BEST 5

01 성 바울 성당 유적 방문

02 로컬 카페 투어

03 펠리시다데 거리 걷기

04 메르세아리아 포르투게자 쇼핑

05 매캐니즈 요리 맛보기

과거로의 타임슬립
마카오반도
Macau Peninsula 澳門半島

400여 년 전 이 도시에 들어온 포르투갈들의 생활과 오늘을 살아가는 평범한 시민들의 일상을 만나는 곳. 꾸며낸 관광지가 아닌 도시 본연의 얼굴을 만나고 싶다면 마카오반도를 찾으면 된다.

ACCESS

공항에서 마카오반도 중심가로
○ **마카오 국제공항**
그랜드 리스보아 호텔 셔틀버스 ① 약 20분 무료
택시 ① 약 20분 MOP97~
○ **세나도 광장**

홍콩에서 마카오반도로
○ **홍콩 마카오 페리 터미널(성완)**
터보젯 ① 약 1시간 MOP160~
○ **마카오 페리 터미널**

○ 홍콩 스카이 페리 터미널(홍콩 국제공항)
터보젯 ① 약 1시간 MOP270~
○ 마카오 페리 터미널

버스
○ **엘리먼츠 쇼핑몰(침사추이)**
홍-마 익스프레스
① 1시간 10분 MOP160~
○ **스타월드 마카오, 샌즈 마카오,
그랜드 리스보아, MGM 마카오 호텔**

○ MTR 조던역 C505 Canton Rd
원 버스 ① 약 1시간 45분 MOP160~
○ 샌즈 마카오 호텔

타이파 & 코타이 & 콜로안에서 마카오반도로
○ **쿤하 거리 정류장(Rua do Cunha)**
11번 버스 ① 약 40분 MOP6
○ **세나도 광장 정류장(Centro Infante D. Henrique)**

○ 시티 오브 드림즈 및 스튜디오 시티 셔틀버스 터미널
각 호텔 셔틀버스 ① 약 20분 무료
○ 마카오 그랜드 엠페러 호텔

○ **콜로안 빌리지 정류장(Coloane Village-2)**
26A번 버스 ① 약 40분 MOP6
○ **세나도 광장 정류장(Centro Infante D. Henrique)**

마카오반도
상세 지도

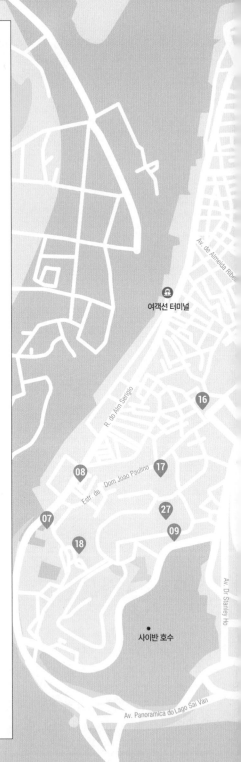

차 박물관

천주교 성당

기아 언덕 공원

남반 호수

117

성 바울 성당 유적 Ruins of St. Paul's 大三巴牌坊 세계문화유산

성 바울 성당 유적은 마카오의 많은 랜드마크 가운데 진정한 마카오의 상징이다. 하루가 멀다 하고 새로운 볼거리가 생겨나는 요즘에도 수많은 여행객이 마카오에 도착하면 열 일 제치고 이곳부터 찾는다. 쓰러질 듯 위태하게 선 벽은 1594년에 세운 성 바울 대학의 일부이자 1602년에 건축된 마터 데이 성당(The Church of Mater Dei)의 전면부로, 1835년 화재 발생 이후 이렇게 쓸쓸한 모습이 되고 말았다. 이곳이 성당 유적으로 불리는 것은 이러한 사연 때문. 홀로 남아 우뚝 선 벽이 화재 전 성당의 웅장함을 짐작하게 한다. 5개 층으로 이루어진 전면부에는 예수의 탄생과 죽음, 부활 등

가톨릭 세계관의 각종 상징이 세밀하게 새겨져 있는데, 마카오 가톨릭 역사의 모든 것이 담겼다 해도 과언이 아니다. 지하의 천주교 예술 박물관(Museu de Arte Sacra, 天主教藝術博物館)에는 화재에도 살아남은 미술품과 순교자 유골이 전시 중이니 가톨릭 역사에 관심이 있다면 천천히 둘러보자.

🚶 세나도 광장에서 북쪽으로 이정표를 따라 도보 약 10분
📍 Ruins of St. Paul's, Macau 🕐 천주교 예술 박물관
09:00~18:00(화 ~14:00) 📞 +853 6238 6441

세나도 광장 Largo do Senado 議事亭前地 세계문화유산

시민들에게는 교통의 요지이자 만남의 광장이며 여행객들에게는 여행의 구심점이다. 규모는 작지만 포르투갈 스타일의 물결무늬 바닥 타일 칼사다(Calçada)와 광장 한가운데 놓인 분수대가 인상 깊다. 길 양옆으로 늘어선, 족히 200년은 넘었을 법한 파스텔 톤 건물들은 유럽의 바닷가 마을을 연상시킨다. 분수 중앙에는 지구본 모양의 청동상이 있는데, 자세히 보면 1493년 교황 알렉산더 6세에 의해 탄생한 교황 자오선이 표시되어 있다. 교황 자오선을 중심으로 신대륙 중 동쪽은 포르투갈의 식민지, 서쪽은 스페인의 식민지로 정했다. 450여 년간의 마카오 식민 역사 역시 이 선과 함께 시작되었다.

🚶 마카오 페리 터미널에서 그랜드 리스보아 셔틀버스 탑승 후 호텔 앞 하차, 도보 약 5분 ◐ Largo do Senado, Macau

자비의 성채 Santa Casa da Misericordia 仁慈堂 세계문화유산

세나도 광장의 분수대 바로 옆에 보이는 하얀색 건물이다. 1569년에 세워졌으니 마카오의 세계문화유산 중에서도 나이가 많은 축에 속하지만 450년 역사가 무색할 만큼 깔끔한 모습이다. 이곳은 가톨릭 자선 단체의 주도하에 지은 구호 활동용 건물로, 오늘날의 적십자에 해당한다. 자비의 성채라는 이름 역시 이러한 활동에서 비롯되었다. 내부에는 식민 시절 주요 인물들의 초상화와 흉상이 전시된 박물관과 작은 정원이 있다. 비교적 한적한 곳이라 여유를 부리고 싶거나 정원에 관심이 있다면 방문해볼 만하다.

$ 박물관 MOP5 🚶 세나도 광장 분수대에서 북동 방면 하얀색 건물 ◐ Santa Casa da Misericordia, Macau 🕙 박물관 10:00~13:00, 14:30~17:30(월 휴무) 📞 +853 2857 3938 🏠 scmm.mo

성 도미니크 성당 St. Dominic's Church 玫瑰堂

세계문화유산

얼핏 카페가 떠오르는 예쁜 외관이지만 무려 430년의 역사를 자랑하는 문화재로, 도미니크 수도회의 멕시코 출신 사제들이 가톨릭 전파를 목적으로 지었다. 숱한 세월을 보내며 군사 시설, 관공서, 창고 등으로 쓰이다 1997년에야 오늘날과 같은 성당의 모습을 되찾았다. 매해 5월 13일이면 이곳부터 펜하 성당까지 성모상을 옮기며 행진하는, 이른바 파티마 성모 행진이 열린다. 화려한 퍼포먼스는 아니지만, 아시아에 이같이 고유한 가톨릭 행사가 존재한다는 사실만으로도 현지인과 여행객들의 주목을 받고 있다.

🚶 세나도 광장 북쪽으로 3분 정도 직진, 삼거리 왼쪽 📍 Largo de São Domingos, Macau 🕐 10:00~18:00 📞 +853 2836 7706

나차 사원 Na Tcha Temple 哪吒廟

세계문화유산

성당 유적이 즐비한 거리, 그것도 가장 규모가 큰 성 바울 성당 유적 바로 옆에 자리한 중국 전통 도교 사원으로, 1888년 당시 마카오 전역을 강타했던 전염병 해결을 위해 세웠다. 유럽풍의 공원과 성당 틈에 도교 사원이 들어섰다는 것만으로도 식민 시절 마카오가 종교에 대해 얼마나 관대했는지 짐작할 수 있다. 사원 옆 칠이 다 벗겨진 벽은 1500년대 포르투갈인들의 주거지를 둘러쌌던 담장의 일부다. 다른 시설은 대부분 철거되었지만, 이 사당은 지금껏 홀로 남아 과거의 흔적을 전하고 있다.

🚶 성 바울 성당 유적을 정면에 두고 왼쪽 골목 끝 📍 6 Calçada de S. Paulo, Macau 🕐 08:00~17:00, 나차 박물관 10:00~18:00(입장 종료 17:30, 수·공휴일 휴무)

육포 거리 Rua de S. Paulo 大三巴街店

육포는 마카오 여행객들이 꼭 사먹는 길거리 간식 중 하나다. 성 바울 성당에서 세나도 광장 방향으로 내려가는 길 초입에 족히 20개가 넘는 육포점과 쿠키점이 들어섰는데, 정식 명칭은 없지만 여행객이 몰리면서부터 육포 거리라는 별칭이 생겼다. 어떤 종류든 시식해보고 선택 가능하니 인파를 비집고 들어가 특유의 쫀득하고 짭조름한 육포의 맛을 즐겨보자. 육포는 우리나라 공항에 반입할 수 없으므로 먹을 만큼만 사는 것이 좋다.

🚶 성 바울 성당을 등지고 세나도 광장 방향으로 도보 약 1분

초우산 거리 Patio de Chon Sau 俊秀圍

SNS에서의 인기로 최근 여행객의 발길이 잦아진 초우산 거리. 레트로한 풍경으로 가득한 성 바울 성당 유적 인근에서 유일하게 밝고 활기찬 골목으로, 핑크색 물결무늬 바닥이나 가게 앞에 놓인 아기자기한 조형물 등이 지나가는 이들의 발길을 끈다. 밤이 되면 밝은 조명으로 좀 더 화려한 풍경이 펼쳐진다.

🚶 성 바울 성당에서 육포 거리로 향하는 길 오른쪽 골목으로 도보 약 3분

연애 거리 Travessa da Paixão 戀愛巷

70m 남짓한 짧은 골목 끝에 성 바울 성당 유적이 빼꼼히 고개를 내밀고 있고 양옆으로 파스텔 톤 건물들이 늘어서 있다. 언뜻 드라마 세트장처럼 보이는 이곳이 바로 연애 거리다. 정식 이름은 아니지만 언제부턴가 포토존을 찾아 이곳을 찾는 연인들이 늘면서 연애 거리라는 로맨틱한 애칭으로 불리고 있다.

🚶 성 바울 성당에서 나차 사원 방향 도보 약 1분

몬테 요새 Monte Fortress 大炮台

세계문화유산

중국으로부터 마카오 거주권을 얻은 포르투갈인들은 마카오 곳곳에 수많은 성당을 짓는 한편, 군사 기지도 몰래 건설했다. 그중 하나가 바로 1626년 완공된 몬테 요새다. 완공 당시 설치된 22대의 포가 사실은 중국 본토를 향했음이 밝혀지며 중국과 포르투갈 간 긴장감이 형성되기도 했다. 300년 넘도록 군사 기지였던 요새는 20세기 들어 기상청으로 바뀌었고 지금은 공원이 되었다. 지대가 낮기아 요새나 펜하 성당만큼의 전경은 아니더라도 성 바울 성당 유적 근처에 있어 접근성이 좋으니 한번 들러 보자.

🚶 성 바울 성당 유적을 정면에 두고 오른쪽 길로 도보 약 5분 📍 R. do Monte, Macau
🕐 07:00~19:00 📞 +853 2835 7911

성 안토니오 성당 St. Anthony's Church Macau 聖安多尼堂

세계문화유산

마카오에서 현존하는 가장 오래된 성당으로, 1560년에 지었다. 식민 초기 마카오의 유일한 성당으로, 포르투갈인들의 결혼식장 겸 장례식장으로 쓰인 덕분에 주변이 온통 꽃으로 장식되어 "꽃의 교회"로 불리기도 했다. 1874년 대형 화재로 소실된 것을 20세기 들어 재건하면서 오늘날과 같은 모습을 갖추게 되었다.

이 성당이 우리에게 더 특별한 이유는 내부에 우리나라 최초 가톨릭 사제인 김대건 신부의 목상이 있기 때문이다. 실제 이곳은 김대건 신부가 박해를 피해 신학 공부를 했던 곳으로도 전해진다.

🚶 나차 사원을 등지고 도보 약 5분
📍 Largo de Santo Antonio, Macau
🕐 06:30~18:00
📞 +853 2857 3732

카몽이스 공원 Camoes Garden 白鴿巢公園

본국에서 추방당한 후 식민지 마카오에서 집필 활동을 이어나갔던 포르투갈의 시인 루이스 카몽이스(Luis de Camoes)를 기리는 공원이다. 볼거리가 있다기보다는 하늘을 가리는 큰 나무들이 빽빽해 현지인들도 산책 삼아 자주 들르는 곳이다. 특히 공원 안쪽에 김대건 신부의 동상이 있어 한국인에게 좀 더 특별한 장소다. 생각보다 공원이 크고 길도 복잡해 안쪽 깊숙이 있는 동상을 찾기가 쉽진 않지만, "Cascata e Estatua de Sto. Kim"이라고 쓰인 표지판을 잘 따라가보자.

🚶 성 안토니오 성당을 등지고 정면 세 갈래 길 중 오른쪽 끝 길을 따라 도보 약 5분
📍 Praca de Luis de Camoes, Macau
🕐 06:00~00:00

릴 세나도 빌딩 Leal Senado Building 民政總署大樓

세나도 광장을 등지고 길 맞은편 정면에 민정총서(民政總署)라고 쓰인 하얀색의 릴 세나도 빌딩이 보인다. 1583년에 지은 중국식 건물을 1784년 포르투갈인들이 자국의 스타일로 재건축했는데, 이후 1936년까지 수차례 보수하면서 오늘날의 모습이 됐다. 식민 초기 포르투갈의 마카오 총독부로 사용되다 1784년부터 지금까지 일종의 시 의회인 민정총서 청사로 사용하고 있다.

🚶 세나도 광장 분수대를 등지고 횡단보도를 건넌 후 바로 정면
📍 163 Avenida de Almeida Ribeiro, Macau 🕐 09:00~21:00(월 휴무)
📞 +853 2857 2233

로버트 호퉁 도서관 Sir Robert Ho Tung Library 何東圖書館

세계문화유산

홍콩 출신 대부호 로버트 호퉁이 2차 대전 당시 살았던 대저택으로 1894년에 완
공됐다. 전쟁이 끝난 후 그가 홍콩으로 돌아가면서 마카오 정부에 기증했으며 현
재 도서관으로 사용하고 있다. 노란색 외관과 더불어 안채가 보이지 않을 만큼 나무
가 빽빽한 마당이 인상적이다. 도서관 왼편에는 본 건물과 연결된 녹색 건물이 있는
데, 바로 유네스코 세계문화유산으
로 지정된 성 요셉 신학교와 성당(St.
Joseph's Seminary and Church)이
다. 아시아 전역으로 파견할 선교사
를 양성하던 곳으로, 역사적 가치를
인정받은 만큼 함께 둘러보기 좋다.

🚶 릴 세나도 빌딩을 정면에 두고 오른쪽
골목길로 도보 약 5분 📍 3 Largo de
Sto. Agostinho, Macau 🕐 월 14:00~
21:00, 화~일 08:00~20:00 📞 +853
2837 7117 🏠 library.gov.mo

성 아우구스티노 성당 St. Augustine's Church 聖奧斯定堂

세계문화유산

성 도미니크 성당과 비슷한 외형의 슈크림색 성당이다. 군데군데 상처도 많고 칠도
벗겨졌지만 이 덕에 성 도미니크 성당보다 조금 더 역사적 유물로서의 매력이 느껴진
다. 1591년에 지은 건물로, 400년 넘게 종교 기관의 역할을 충실히 수행 중이다. 특
히 눈에 띄는 것은 성당 바로 앞에 깔린 별 무늬 바닥 타일이다. 마카오는 어디나 바
닥이 예쁘지만 검은색과 흰색으로만
이루어진 다른 곳과 달리, 붉은색이
섞여 있어 세련된 멋이 느껴진다. 성
당을 끼고 있는 성 아우구스티노 광
장(St. Augustine's Square)은 광장
이라기엔 작지만 나무 아래 노점과
벤치가 들어서 잠시 쉬어가기 좋다.

🚶 릴 세나도 빌딩을 정면에 두고 오른
쪽 골목길로 도보 약 5분 📍 2 Largo de
Santo Agostinho, Macau
🕐 10:00~18:00 📞 +853 2836 6866

돔 페드로 5세 극장 Teatro Dom Pedro V 伯多祿五世劇院

페드로 5세 왕의 이름을 딴 마카오 최초의 서양식 극장으로 1860년에 완공됐다. 아시아 최초로 오페라 〈나비부인〉을 공연한 극장이자 2차 세계 대전 당시 피난처로도 사용했던 곳이다. 1970년대에는 흰개미 떼에 의해 건물이 파손되어 20년 가까이 건물을 폐쇄한 적도 있다. 오랜 세월을 지나며 숱한 이야기를 쌓아온 곳이라 낡고 초라할 것 같지만 의외로 내부는 유럽의 대극장처럼 웅장하고 화려하다. 공연이 없을 때는 일반인에 공개하지 않기 때문에 운이 좋아야 내부를 구경할 수 있다는 점은 아쉽다.

🚶 성 아우구스티노 성당에서 왼쪽 내리막길로 도보 약 1분 **○** Largo de Sto. Agostinho, Macau **○** 10:00~18:00 **○** +853 8399 6699 **♠** wh.mo/theatre/cn

---

성 로렌스 성당 St. Lawrence's Church 聖老楞佐堂

마카오에서는 100년이 넘지 않은 건물을 찾기 힘들다. 북적이는 대로에서 조금만 뒤로 가도 나타나는 특유의 소박한 분위기는 이런 오래된 건물에서 나오는 것. 10년만 지나도 딴 세상으로 변하는 우리나라를 생각하면 조금은 부러운 일이다. 성 로렌스 성당은 1569년에 지어 올해로 454주년을 맞은, 마카오 성당들의 조상과도 같은 곳이다. 목조 건물이었던 것을 1846년 석조 건물로 탈바꿈시킨 독특한 이력이 있다. 가운데가 뾰족한 다른 성당들과 달리 파리 노트르담 대성당처럼 양 끝이 우뚝 솟은 지붕도 이색적이고 진기한 모습이다.

🚶 돔 페드로 5세 극장을 오른쪽에 두고 내려온 후 이정표를 따라 도보 약 5분 **○** R. de São Lourenco, Macau **○** 월 ~금 07:00~18:00, 주말 07:00~21:00 **○** +853 2857 3760 **♠** facebook. com/st.lawrence.church.macau

릴라우 광장 Lilau Square 亞婆井前地

광장보다 공원으로 불리는 게 어울리는 자그마한 휴식 공간으로, 군데군데 이야기꽃을 피우는 노인들과 공기놀이를 하는 아이들이 보인다. 골목 사이에 일부러 공간을 내 아름드리 나무를 심은 포르투갈인들에게 박수를 보내고 싶을 만큼 정감 어린 곳이다. 공원을 정면에 두고 오른쪽을 보면 아이 얼굴 모양의 수로가 눈에 띄는데, 수백 년간 멈추지 않고 흐르고 있다. 이 샘물을 마시면 마카오에 다시 온다는 전설이 있다. 광장 한가운데 서서 좁은 길과 예쁜 바닥 타일, 세월의 흔적을 고스란히 드러낸 주택들을 천천히 감상해보자.

🚶 성 로렌스 성당 정문을 등지고 왼쪽 길로 도보 약 4분
📍 Largo do Lilau, Macau

아마 사원 A-Ma Temple 妈阁庙

1488년에 지은 아마 사원은 마카오 도교 사원 중 역사가 가장 길다. 바다로 나간 사람들의 안녕과 풍요를 기원하는 물의 신 아마를 모시는 곳이지만 내부에는 관음보살상도 모셔져 있어 엄밀히 따지면 불교와 도교를 모두 숭상하는 곳이다. 아마 사원은 마카오라는 이름의 탄생과 관련 있는데, 이 도시에 처음 온 포르투갈인의 귀에 아마 사원의 광둥식 발음인 '마꼭미우'가 '마카우'처럼 들렸다고 한다. 그 뒤로 '마카우'가 자연스럽게 굳어졌고 지금은 영어식 표현인 '마카오'와 함께 쓰인다. 사원 앞 탁 트인 광장과 그 너머로 보이는 바다는 좁은 골목길을 빠져 나온 여행객들에게 청량감을 선사한다.

🚶 릴라우 광장을 왼쪽에 두고 도보 약 6분 📍 Largo da Barra, Macau
🕐 08:00~18:00
📞 +853 2836 6866
🏠 wh.mo/cn/site/detail/1

마카오 타워 Macau Tower 澳門旅遊塔

1999년 중국 반환 후 마카오는 초호화 호텔과 카지노를 건설하며 관광 도시 개발에 박차를 가했다. 마카오 타워 역시 이러한 개발의 일환으로 2001년 탄생한 마카오의 상징물 중 하나이다. 무려 338m의 마카오 최고 높이를 자랑하는 전망대로, 낮에는 멀리 홍콩과 중국까지 보인다. 밤이 되면 도시를 밝히는 아름다운 조명이 된다.

마카오 타워의 익스트림 스포츠는 세계적으로도 유명해서 223m에서 뛰어내리는 번지점프(Bungy Jump)와 스카이점프(Skyjump)를 즐기기 위해 일부러 이곳을 찾는 사람도 많다. 줄 하나에 매달려 건물 외벽 난간을 걷는 스카이워크(Skywalk)나 타워 꼭대기로 올라가 시원한 도시 경관을 즐기는 타워 클라임(Tower Climb)도 놓치기 아쉽다. 값비싼 익스트림 스포츠를 체험하지 않더라도 238m 높이의 야외 전망대에 올라 투명한 유리 바닥을 걸으며 짜릿함을 만끽할 수 있는 만큼 부담 없이 방문해보자.

$ 전망대 MOP195, 번지점프 MOP3,088, 스카이점프 MOP2,188, 스카이워크 MOP788, 타워 클라임 MOP2,488 🚶 마카오 페리 터미널에서 32번 버스 탑승 후 정류장 Torre/Túnel Rodoviários 하차(약 25분 소요) 📍 Largo da Torre de Macau, Macau 🕐 전망대 평일 10:00~19:00, 주말 10:00~20:00 📞 +853 2893 3339 🏠 macautower.com.mo

그랜드 리스보아 Grand Lisboa 澳門新葡京酒店

마카오를 소개하는 잡지나 TV 프로그램에 빠짐없이 등장하는, 활짝 핀 연꽃 모양의 건물이다. 빈틈없이 황금색으로 칠한 독특한 외벽과 목을 한껏 꺾어야 꼭대기가 겨우 보이는 엄청난 규모도 인상적이다. 마카오에서 가장 유명한 건물 중 하나지만 경관을 망친다는 평가도 잇따라서 지난 2011년 호주의 여행 전문 사이트인 〈버추얼투어리스트닷컴(Virtualtourlist.com)〉이 선정한 세계 10대 흉물스러운 건축물에 포함되는 굴욕을 맛보기도 했다. 이곳은 마카오반도에서 중요한 이정표로, 어디서나 보이는 황금색 건물 방향으로 쭉 걸어가면 세나도 광장에 이를 수 있다.

🏃 마카오 국제공항 또는 마카오 페리 터미널에서 호텔 셔틀버스 이용 약 10분, 또는 세나도 광장에서 도보 약 10분
📍 Avenida de Lisboa, Macau
📞 +853 2828 3838
🏠 grandlisboahotels.com

윈 마카오 Wynn Macau 永利澳門

라스베이거스의 유명 호텔인 윈이 오리지널과 똑같은 모습으로 마카오에 들어섰다. 황금색으로 치장한 외관과 건물 앞 분수까지, 곳곳에 걸린 간판 속 글씨가 한자라는 것만 빼면 라스베이거스 건물과 쌍둥이 같다. 윈 마카오는 카지노만큼이나 분수 쇼(Performance Lake), 드래곤 쇼(Dragon of Fortune), 번영의 나무 쇼(Tree of Prosperity) 같은 무료 공연으로도 유명하다. 중국색이 짙어 보는 이에 따라 호불호가 갈릴 수도 있지만 공연 시간이 5분 정도로 짧아 부담 없이 볼 만하다.

🏃 마카오 국제공항 또는 마카오 페리 터미널에서 호텔 셔틀버스 이용 약 10분, 또는 세나도 광장에서 도보 약 15분
📍 Rua Cidade de Sintra, NAPE, Macau
📞 +853 2888 9966
🏠 wynnmacau.com

MGM 마카오 MGM Macau 澳門美高梅

라스베이거스의 카지노 재벌 커크 커코리언(Kirk Kerkorian)이 1970년에 세운 호텔 체인으로, 우리에게는 사자가 포효하는 영화사 로고로 익숙하다. 마카오 내 대부분의 호텔과 마찬가지로 이곳도 마카오의 대부호 스탠리 호(Stanley Ho)가 운영한다. 여행자들에게는 리스본 기차역을 재현한 중앙 광장 그랜드 프라사(Grande Praça)가 유명한데, 동화 속 세상인 듯 온통 크리스털로 만든 거대한 꽃과 나비, 인어와 물방울의 조화가 신선하다. 로비 곳곳 전시된 데일 치훌리(Dale Chihuly)와 살바도르 달리(Salvador Dali)의 작품도 여행자들의 시선을 사로잡는다.

🚶 마카오 국제공항 또는 마카오 페리 터미널에서 호텔 셔틀버스 이용 약 10분, 또는 1A·3A 버스 탑승 후 정류장 Nape/Rua Cidade De Braga 하차 후 도보 약 5분
📍 Avenida Dr. Sun Yat Sen, NAPE, Macau
📞 +853 8802 8888 🏠 mgm.mo/en

관음상 The Statue of Kun Iam 觀音像

20m 높이의 청동 관음상으로, 1999년 마카오 중국 반환 당시 포르투갈이 중국에 축하의 의미로 기증한 것이다. 주목할 것은 여느 불교상과는 다른 얼굴과 자세다. 언뜻 연꽃 위에 서 있는 승려의 모습이지만 인자한 표정과 차분한 옷차림, 머리에 쓴 관과 두 손을 가지런히 모으고 있는 자세가 영락없는 성모 마리아의 모습이다. 이는 포르투갈의 가톨릭 문화와 중국 불교 문화의 융화를 상징하는 것으로, 포르투갈과 중국의 화해를 보여준다.

🚶 마카오 페리 터미널에서 1A·3A·12번 버스 탑승 후 정류장 Nape/Rua Cidade De Braga 하차(약 20분 소요)
📍 The Statue of Kun Iam, Macau
🕐 10:00~ 18:00(금 휴무)

마카오 과학관 Macao Science Center 澳門科學館

여행 예능 〈배틀트립〉 이현이 편에 등장한 이후 한국인 여행객들의 주목을 받는 곳이다. 과학관이라고는 하나 뛰어난 과학적 장치를 보여주는 곳이라기보다 어린이를 위한 체험관 정도로 보는 편이 맞다. 그러나 지름 15.24m의 초대형 돔을 갖춘 천문관은 해상도가 가장 높은 3D 영화관으로 기네스북에 올라 있어 눈이 즐거운 볼거리를 제공한다. 무엇보다 마지막 모더니즘 건축가로 통하는 이오 밍 페이가 전체 설계를 담당해, 건축에 관심이 많다면 방문할 가치가 충분한 곳이다.

$ 상설전시관 MOP50(할인가 MOP 15), 3D돔 MOP80(할인가 MOP 30)
🏃 마카오 타워에서 택시 이용 약 5분
📍 Ave nida Dr. Sun Yat Sen, Macau
🕐 10:00~18:00(목 휴무) 📞 +853 2888 0822 🏠 msc.org.mo

그랑프리 박물관 Grand Prix Museum Macau 大賽車博物館

매해 11월 중순이면 마카오에서 전 세계 스피드 마니아들이 열광하는 F3 경기가 열린다. 도시가 작아 따로 경기장이 없어 시내 도로에 펜스를 치고 경기가 열리는데, 코스가 꼬불꼬불해 마의 경주로 불리며 보는 이들에게 엄청난 스릴감을 선사한다. 그랑프리 박물관은 65년 전통의 마카오 F3에 관한 모든 것을 보여주는 곳으로, 경주를 간접적으로 체험하는 시뮬레이션 코너가 특히 유명하다. 경기 중 사망한 선수들을 위한 추모 시설도 마련돼 있어 우리에겐 낯선 F3의 어제와 오늘을 알아볼 수 있다.

$ 입장료 무료 🏃 마카오 페리 터미널에서 3·10·32번 버스 탑승 후 정류장 Tourism Activities Centre 하차, 도보 약 5분 📍 Rua de Luis Gonzaga Gomes 431, Macau 🕐 10:00~18:00(화 휴무) 📞 +853 8397 1825

기아 요새 Guia Fortress 東望炮台洋

1638년 방어용 요새로 지었으나 실제 전투에서는 한 번도 사용된 적 없는 독특한 이력의 요새다. 그럼에도 많은 여행객이 이곳을 찾는 이유는 해발 90m라는 높이 덕분인데, 맑은 날 요새 꼭대기에 오르면 마카오 시가지의 그림 같은 풍경이 한눈에 들어온다. 전망대 주변에는 지중해 인근의 건물처럼 외관이 온통 하얀 성당과 마카오에서

가장 오래된 등대가 있어 낭만적인 분위기를 연출한다. 케이블카를 타고 언덕을 오른 후 숲속 오솔길을 따라 10분가량 걸어야 하는데, 걷는 동안 동화 같은 풍경이 펼쳐져 연신 카메라 셔터를 누르게 된다.

$ 요새 무료/케이블카 편도 MOP2, 왕복 MOP3 **🚶** 시내에서 택시 탑승 후 기아 요새 케이블카 입구 하차, 케이블카 하차 후 표지판을 따라 도보 약 10분 **📍** Estradado Engenheiro. Trigo, Macau **🕐** 요새 09:00~18:00 케이블카 08:00~18:00(상행 16:30 종료, 월 휴무) **📞** +853 2859 5481

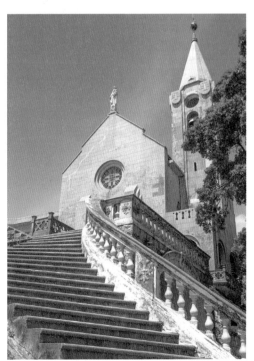

펜하 성당 Chapel of Our Lady of Penha 西望洋聖堂

도심에서 다소 벗어나 있고 지대도 높아 이동에 시간이 꽤 걸리지만, 마카오에서 가장 아름다운 풍경을 찾는다면 펜하 성당으로 가보자. 성당이 자리한 언덕으로 굽이굽이 난 길을 오르면 슈퍼마켓과 유치원, 놀이터가 나타나고 옹기종기 모인 집들 사이로 고개 내민 남반 호수(Nam Van Lakes)가 평화로운 한때를 선사한다. 펜하 성당은 1622년 네덜란드와의 해상전 후 끌려간 포로들이 탈출해 감사 기도를 올린 곳이다. 꼭대기에는 아기 예수를 안은 성모 마리아가 구원의 눈빛으로 도시를 내려다보고 있다. 마리아의 기품 때문일까? 이곳에서 보는 도시와 호수의 풍경은 말 그대로 '아는 사람만 아는' 절경이다.

🚶 세나도 광장에서 도보 약 20분 **📍** Hilltop of Penha Hill, Macau **🕐** 09:00~18:00(입장 종료 17:30) **📞** +853 2857 2801

펠리시다데 거리
Rua da Felicidade 福隆新街

지금은 벽에 곰팡이가 슬 만큼 낡았지만 거리 한복판에 서서 눈을 감으면 100여 년 전 시끌벅적했던 환락의 거리가 그려진다. 발을 딛는 순간 눈치채겠지만 이곳은 과거 홍등가였다. 우리에게는 영화 〈도둑들〉 포스터에 등장한 거리로 잘 알려져 있지만 그 전에 왕가위의 걸작 〈2046〉과 〈에로스〉에도 등장했다. 뛰어난 예술가인 왕가위 감독의 눈에 두 번이나 들었다는 것은 이 거리의 분위기가 남다르다는 것을 말해준다. 마카오에서 인생샷을 남기고 싶다면 반드시 들러보자.

🚶 세나도 광장에서 도보 약 5분 📍 Rua da Felicidade, Macau

29 포르투갈풍 낭만 거리

성 라자루 당구 Igreja de S. Lázaro Perto 望德聖母堂区

마카오 3대 성당 중 하나인 성 라자루 성당 인근 지역을 소위 성 라자루 당구라 하는데, 사람 많고 자동차 많은 마카오반도에서 여유로운 산책을 즐기기 좋은 곳이다. 크림 옐로 톤의 포르투갈풍 건물과 물결무늬 바닥 타일, 아치형의 가로등이 예스럽지만 촌스럽지 않은 묘한 분위기를 연출한다. 골목 곳곳에 갤러리와 빈티지 숍들이 들어선 이후 젊은 여행객들이 물어물어 찾아오면서 이제는 마카오에서 가장 핫한 스폿이 되었다.

🚶 성 바울 성당 유적에서 몬테 요새 방향으로 도보 약 8분
📍 Adro de São Lázaro, Macau

마카오의 보물찾기
세계문화유산 답사

산업화 시기를 거치며 마카오는 홍콩이나 대만에 비해 더디게 발전했다. 하지만 그 덕분에
식민 시절의 건물이 그대로 보존되면서 오늘날 유네스코 세계문화유산 도시의 기틀이 다져졌다.
마카오 여행의 구심점인 세나도 광장을 중심으로 거리를 누비다 보면 보물찾기하듯 숭고한 이야기를
간직한 흔적들을 찾을 수 있다. 450여 년의 시간을 거슬러 오르는 데 2시간이면 충분하다.
카메라와 시원한 물을 챙기고 마카오의 세계문화유산 답사를 시작해보자. 세계문화유산 답사는
세나도 광장을 중심으로 북쪽을 돌아본 후 다시 세나도 광장으로 복귀해 남쪽을 돌아보는 코스다.

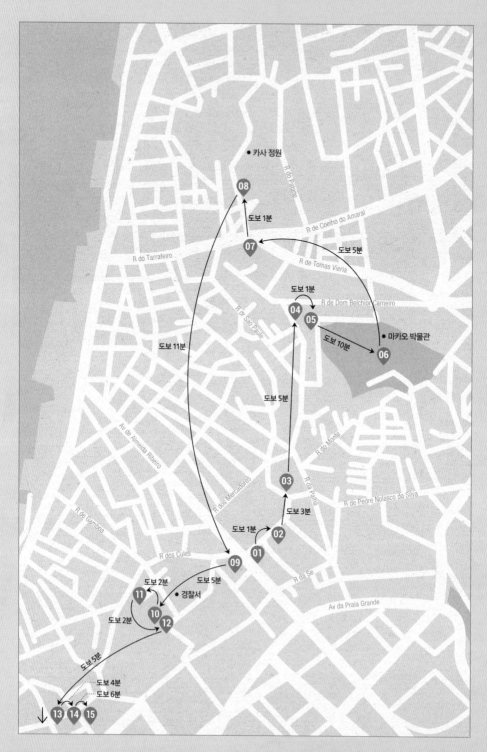

● 카사 정원

08

도보 1분

R do Patane

R de Coelho do Amaral

07

도보 5분

R de Tomas Vieria

도보 1분

R de Dom Belchior Carneiro

04

05

● 마카오 박물관

R do Tarrafeiro

도보 10분

06

R dr São Paulo

도보 11분

Av de Almeida Ribeiro

도보 5분

R do Monte

03

R da Penha

R de Pedre Nolasco da Silva

R dos Mercadores

도보 3분

도보 1분

02

R de Gamboa

01

R dos Cules

09

R da Se

도보 2분

도보 5분

11

● 경찰서

Av da Praia Grande

도보 2분

10

12

도보 5분

도보 4분

도보 6분

13 14 15

세나도 광장 Largo do Senado P.119

보물찾기의 구심점. 1493년 마카오 식민 역사의 시작을 알린 알렉산더 6세의 교황 자오선 청동상이 있다.

자비의 성채 Santa Casa da Misericordia P.119

1569년 마카오의 첫 주교가 세운 구호 활동용 건물. 마카오에 가톨릭이 자리 잡는 데 밑거름이 되었다.

성 도미니크 성당 St. Dominic's Church P.120

1587년에 멕시코 출신 사제들이 세웠다. 군사 시설, 관공서 등으로 사용되다 1997년 이후 다시 성당의 역할을 되찾았다.

나차 사원 哪吒廟 P.120

1888년에 전염병을 막기 위해 세운 도교 사원. 주변에 숱하게 들어선 가톨릭 문화 유적 사이에서 보기 드문 중국식 사원이다.

성 바울 성당 유적 Ruins of St. Paul's P.118

보물찾기의 핵심이자 마카오의 상징. 1594년에 처음 지었으나 1835년 화재 이후 현재는 전면부 벽과 지하 시설만 남았다.

몬테 요새 Monte Fort P.122

1626년에 포르투갈인들이 지은 군사 시설로, 추후 22대의 포가 중국을 향했음이 밝혀지며 두 나라 사이에 긴장감이 형성되기도 했다.

07
성 안토니오 성당
St. Anthony's Church P.122

1560년에 지은 마카오에서 가장 오래된 성당. 우리나라 최초의 가톨릭 사제인 김대건 신부의 목상이 있다.

10
로버트 호퉁 도서관
Sir Robert Ho Tung Library P.124

대부호 로버트 호퉁이 2차 대전 당시 살던 대저택으로, 현재 도서관으로 사용 중이다.

13
성 로렌스 성당
St. Lawrence's Church P.125

마카오 성당들의 조상과도 같은 곳. 바로크의 영향을 받은 신고전주의 스타일로 설계되었다.

08
카몽이스 공원
Camoes Garden P.123

김대건 신부의 동상이 있어 한국인 여행객들이 종종 들르는 곳. 포르투갈 시인 루이스 카몽이스를 기리는 공원이다.

11
성 아우구스티노 성당
St. Augustine's Church P.124

마카오에서 네 번째로 오래된 성당으로 1591년에 지었다. 성당 중앙의 대좌가 중국의 신주 모양이라는 점이 특이하다.

14
릴라우 광장
Lilau Square P.126

좁은 골목 사이에 들어선 작은 공원으로, 이곳 수로의 물을 마시면 다시 마카오로 돌아온다는 전설이 있다.

09
릴 세나도 빌딩
Leal Senado Building P.123

1583년에 지은 중국식 건물을 1784년 포르투갈인들이 자국의 스타일로 재건축했다. 현재 마카오 민정총서의 청사로 사용 중이다.

12
돔 페드로 5세 극장
Teatro Dom Pedro V P.125

페드로 5세 왕의 이름을 딴 중국 최초의 서양식 극장으로, 아시아 최초로 오페라 〈나비부인〉을 공연했다.

15
아마 사원
A-ma Temple P.126

보물찾기의 마지막 코스인 아마 사원은 바다로 나간 사람들의 안녕을 기원하는 도교 사원이다. '마카오'라는 지명의 기원으로 알려져 있다.

솔마르 Solmar 沙利文餐廳

관광객이 많이 몰리는 세나도 광장 주변에 유난히 매캐니즈 레스토랑이 많다. 이 중 솔마르는 여행객들에게는 덜 알려져 기다릴 필요 없는 한산한 식당으로, 음식 맛만 놓고 보면 유명 레스토랑에도 뒤지지 않는 곳이다. 대표 메뉴는 닭볶음탕처럼 국물이 칼칼해 한국인 입맛에도 잘 맞는 아프리칸 치킨이다. 물론 닭볶음탕보다 향이 강하고 커리 맛도 느껴지지만 다른 레스토랑에 비해 맛이 순한 편. 소금에 절인 대구를 둥글게 뭉쳐 튀겨낸 바칼라우 크로켓 역시 추천할 만하다.

🍴 아프리칸 치킨(Galinha Africana) 반 마리 MOP175, 바칼라우 크로켓(Pasteisde Bacalhau) MOP65, 커리 크랩(Caril de Caranguejo) 시가 약 MOP480 🚶 세나도 광장에서 그랜드 리스보아 호텔 방향으로 도보 약 4분
📍 512 Av. da Praia Grande, Macau
🕐 11:30~15:30, 17:30~22:30
📞 +853 2888 1881

커시드럴 카페 Cathedral Cafe 大教堂咖啡

낮에는 브런치와 점심 식사를, 저녁에는 와인과 안주를 판매하는 포르투갈 스타일의 펍이다. 한때 한국인 관광객에게 가장 유명했던, 현재는 문을 닫은 매캐니즈 레스토랑 에스카다 바로 옆에 위치해 여전히 많은 사람이 찾는다. 정돈되지 않은 실내 공간, 곳곳에 걸린 다양한 국기, 통나무로 만든 테이블 등에서 왠지 모를 여행의 자유가 느껴진다. 메뉴도 인도식부터 아프리카식까지 국가를 넘나든다. 특별한 시그니처 메뉴는 없지만 어떤 걸 주문하든 무난한 맛을 선사한다. 비교적 이른 아침에 문을 열기 때문에 아침 식사를 즐기기 위해 찾기도 좋다.

🍴 잉글리시 브렉퍼스트(English Breakfast) MOP 85, 딸기 팬케이크(Strawberry Pancake Stake) MOP95 🚶 세나도 광장에서 도보 약 1분
📍 12 R. da Sé, Macau 🕐 10:00~02:00
📞 +853 6685 7621

웡치케이 Wong Chi Kei 黃枝記

마카오에서 가장 맛있는 완탕면집으로 소문 나면서 마카오를 소개하는 매체에 꼭 등장한 다. 1946년에 오픈해 70년 넘게 한자리를 지 켜오고 있지만 몇 해 전 리노베이션을 해 깔끔 하게 거듭났다. 워낙 손님이 많아 넉넉히 30 분 정도는 기다려야 한다. 자타 공인 대표 메 뉴인 완탕면은 수타로 뽑아낸 달걀면의 쫄깃 한 식감과 시원한 국물의 조화가 일품이다. 다 만 양이 살짝 부족해 성인 남자라면 두 그릇 을 주문하거나 새우알 볶음면 등 다른 메뉴를 추가하는 편이 좋다. 메뉴에 사진이 있어 주문 이 편리하다.

✕ 완탕면(Wonton Noodle in Soup) MOP45, 새우알 볶음면(Braised Noodle with Shrimp's Egg Roe) MOP76, 짜완탕(Deep Fried Wontons) MOP48~78 🏃 세나도 광장에서 성 바울 성당 유적 방향 도보 약 1분 ⚲ 17 Senado Square, Macau ⏰ 08:30~23:00 📞 +853 2833 1313 🏠 wongchikei.com

찬콩케이 Chan Kong Kei Casa de Pasto 陳光記飯店

로컬 식당의 매력은 저렴한 금액으로 푸짐한 음식을 맛본다는 것과 새로운 요리를 경험한 다는 것이다. 찬콩케이은 로컬 식당을 찾는 여 행객들에게 가장 추천할 만한 곳으로, 하얀 쌀밥에 두툼하게 썬 고기를 가득 얹어주는 덮 밥류로 유명하다. 언제 가도 줄을 서야 할 정 도로 현지인에게도, 여행객에게도 사랑받는 곳이다. 다만 익숙지 않은 향과 미끈한 식감 등으로 낯선 음식에 적응이 힘든 사람이라면 입맛에 맞지 않을 수도 있다는 점은 유의하자.

✕ 오리덮밥/누들(Black Pepper Roasted Duck with Rice/Noodles) MOP43, 돼지고기덮밥/누들 (Roasted Pork with Rice/Noodles) MOP43, 트리플(오리/돼지/닭고 기 세 가지를 얹어주는) 덮밥/누들(Tripple Mixed with Rice/Noodles) MOP75 🏃 세나도 광장에서 그랜드 리스보아 호텔 방향 도보 약 6분 ⚲ 19 R. do Dr. Pedro Jose Lobo, Macau ⏰ 09:00~00:00 📞 +853 2831 4116

쑤안라펀 酸辣粉

사천요리인 쑤안라펀은 얼큰한 국수다. 테이블 네댓 개가 전부인 허름한 가게 안으로 들어가면 온통 한자로 된 메뉴판에 정신이 혼미해지지만, 생각보다 주문은 간단하다. 우선 매콤한 정도(大辣, 中辣, 小辣)를 선택하고 당면(黑粉)과 달걀면(白粉) 중 하나를 선택한다. 그리고 숙주나물, 소고기, 두부 등의 토핑을 선택하면 완성. 달걀면보다는 당면을 추천하며 토핑은 2~3개가 적당하다. 국수와 함께 먹을 사이드 메뉴로는 달콤하고 부드러운 연유빵을 추천한다. 국수 자체가 워낙 우리에게 익숙한 맛이라 한식이 그리울 때 찾아가면 좋다.

✕ 토핑에 따라 국수 한 그릇 MOP65 내외, 연유빵(饅炸头) MOP40
🏃 그랜드 리스보아 호텔에서 도보 약 15분(가는 길이 복잡하니 지도를 잘 활용하자) ♥ Shop K, G/F, Edificio Marina Plaza, R. de Xanghai, Porto Exterior, Macau 🕐 24시간 운영 📞 +853 2870 0077

카페 드 노보 토마토 Cafe de Novo Tomato 蕃茄屋美食

여행객들에게 알려진 매캐니즈 식당은 대부분 비싸지만, 사실 매캐니즈가 마카오 사람들의 로컬 푸드인 만큼 합리적인 가격으로 푸짐하게 즐길 수 있는 식당도 엄연히 있다. '카페 드 노보 토마토'가 바로 그런 곳으로, 맛집 찾아내기의 달인인 한국인들에게도 아직 알려지지 않은 보석 같은 곳이다. 아프리칸 치킨 같은 정찬부터 디저트 세라두라, 청량감이 뛰어난 포르투갈 맥주 사그레스까지 수준급의 매캐니즈 한 상을 부담 없는 금액으로 누릴 수 있다.

✕ 아프리칸 치킨밥(Alibaba Baked Chicken Fillet with House Special Sauce) MOP47, 바칼라우 크로켓(Portuguese Baked Bacalhau with Creamy Mashed Potato) MOP85 🏃 세나도 광장에서 도보 약 7분 ♥ Macau Inclined Lane 4, Macau 🕐 11:30~22:00 📞 +853 2836 2171 🏠 facebook.com/tomatos house

아 로차 A Lorcha 船屋葡國餐廳

정통 포르투갈 요리를 선보이는 곳으로, 아마 사원 인근에 있다. 로차(Lorcha)는 포르투갈식 선체에 중국식 돛을 단 독특한 모양의 배를 일컫는데, 이름처럼 대항해 시대 로차의 선실을 콘셉트로 인테리어를 했다. 대표 메뉴는 커리 수프에 각종 해물과 밥을 넣고 죽처럼 끓인 해물밥이다. 진한 버터 향과 부드러운 맛이 일품이며 양도 넉넉해 해물밥 하나에 바칼라우 크로켓 같은 스낵을 추가하면 충분하다. 메뉴판에 한자, 포르투갈어와 함께 영어 설명이 있어 주문이 편리하다.

✘ 해물밥(Mixed Seafood Rice) MOP208, 바지락 찜(Clams Bulhao Pato) MOP148, 바칼라우 크로켓(Portugues Dried Bacalhau) MOP62 ✘ 세나도 광장에서 11번 버스 탑승 후 정류장 A-Ma temple 하차, 도보 약 1분 ♥ Av. Almirante Sergio, no. 289 AA, G/F, Macau ⏰ 12:30~15:00, 18:30~23:00(화 휴무) ☎ +853 2831 3193 🏠 alorcha.com

레스토란테 리토럴 Restaurante Litoral 海灣餐廳

포르투갈식에 가까운 매캐니즈 음식을 판매하는 식당으로 현지인과 여행객 모두에게 사랑받는다. 아프리칸 치킨이나 해물밥 같은 매캐니즈 요리를 두루 판매하지만 이 집에서 꼭 맛봐야 할 메뉴는 바로 고기 요리. 스테이크는 물론 립이나 치킨, 새끼돼지 요리 등 고기의 맛이 꽤나 훌륭하다. 음식에 별다른 꾸밈이 없어 투박해 보이지만 그 덕에 맛으로 승부하는 집으로 통한다. 마카오반도에 본점이 있고 타이파 지점도 성업 중이다.

✘ 립스테이크(Grilled Short Ribs) MOP238, 스테이크 리토랄(Steak Litoral) MOP388 ✘ 세나도 광장에서 11번 버스 탑승 후 정류장 Almirante Sérgio/Praia Manduco 하차, 도보 약 1분 ♥ R. do Almiirante Sergio, 261-A ⏰ 12:00~15:00, 18:00~22:30 +853 2896 7878

알리 커리 하우스 Ali Curry House 亞利咖喱屋

외관은 허름하고 낡았지만 마카오의 수많은 매캐니즈 전문점 가운데 현지인이 가장 즐겨찾는 식당이다. 이곳의 메뉴는 한 권의 책처럼 끝없이 넘어가는데, 거의 모든 매캐니즈 요리를 다룬다는 걸 알 수 있다. 그중에서 추천할 만한 요리는 매캐니즈 대표 음식인 아프리칸 치킨과 해물밥이다. 포르투갈보다 광둥요리에 비중을 둔 곳답게 다른 매캐니즈 식당보다 매콤한 맛을 강조했지만, 자극적이지 않고 향도 진하지 않아 매캐니즈가 낯선 여행자도 부담 없이 즐기기 좋다. 복잡한 도심에서 벗어나 한적한 시완 호숫가에서 마카오 타워의 경치와 함께 여유로운 미식의 행복을 누릴 수 있다.

✗ 아프리칸 치킨(African Chicken) MOP83, 해물밥(Port Seafood Rice) MOP128 ✖ 세나도 광장 인근에서 16번 버스 탑승, 정류장 Av. República 하차, 도보 약 1분 ♥ 4 Av. da República, Macau ⏰ 12:00~23:00 ☎ +853 2855 5865

이슌 밀크 컴퍼니 Leitaria I Son 義順牛奶公司

tvN 〈스트리트 푸드 파이터〉 홍콩 편에 등장한 후 원조인 마카오 본점까지 인기가 전파된 로컬 식당이다. 대부분의 사람이 메뉴판을 보지도 않고 주문하는 것은 바로 우유 푸딩. 주해의 목장에서 매일 아침 공수하는 신선한 우유로 만들어 특유의 부드러움과 달콤함을 자랑한다. 뜨거운 것과 차가운 것 중 선택 가능하며 팥이나 생강을 얹어도 맛있다. 구글 지도에는 '이순 밀크 컴퍼니'로 등록되어 있으나 '이슌 밀크 컴퍼니'로 검색해도 동일한 결과가 나오니 걱정 말고 방문해보자.

✗ 차가운/따뜻한 우유 푸딩(凍/熱馳名雙皮燉奶) MOP32, 주빠빠오(猪扒包) MOP30 ✖ 세나도 광장에서 도보 약 2분 ♥ 381 Av. de Almeida Ribeiro, Macau ⏰ 11:00~21:00 ☎ +853 2857 3638

어묵 거리

엄밀히 따지면 '어묵 거리'는 정식 행정 명칭이 아니다.
다만 이 길을 중심으로 어묵을 파는 가게들이 줄지어
들어서면서 언제부턴가 한국인 여행객 사이에서 어묵
거리라는 별칭으로 불리고 있다. 가장 인기 좋은 가게
였던 '향 야우'가 문을 닫은 후 거리의 명성도 옛
말이 되었지만 그럼에도 아직 서너 곳의 어묵 가게가
남아 여행객을 반긴다. 손님이 원하는 어묵과 육수를
직접 골라 주인장에게 건네면 먹기 좋은 크기로 잘라
그릇에 담아주는데, 서서 먹는 꼬치 어묵의 맛이 한국
포차와는 다른 독특한 재미를 선사한다. 진짜 현지의
맛을 체험하고 싶다면 용기를 내 소내장탕에 도전해
보자. 외관은 낯설지만 의외로 맛도 좋고 한 끼 식사로
손색없을 만큼 양도 넉넉하다.

✗ 어묵 MOP10 내외, 소내장탕 MOP30 내외 ✗ 성 바울 성
당 유적에서 세나도 광장 방향으로 도보 약 5분 ♀ Tv. da Se,
Macau

룽와 티 하우스 Lung Wah Tea House 龍華茶樓

마카오반도 외곽에 위치해 관광
객이 많지 않은 보물 같은 딤섬
집이다. 바닥에 깔린 옥색의 타
일부터 손때 묻은 테이블, 페인
트가 벗겨진 창틀까지 옛 마카오
의 정취가 그대로 묻어난다. 복고풍 인테리어가 아닌
1960년대부터 이어온 세월의 흔적이다. 메뉴판이 온
통 한자투성이라 관광객이 보고 주문하기는 사실상
어렵다. 대신 입구 쪽 테이블에 뷔페처럼 차려진 딤섬
바구니 중 원하는 것을 집어오면 되는데 시우마이, 하
가우, 차시우바이 등 어떤 걸 선택하든 기대 이상의 맛
을 선사한다. 가격도 종류에 관계없이 MOP 30으로 비교적
저렴해 부담 없이 즐기기 좋다. 다른 가게는 자랑하지 못
해 안달인 미쉐린 스티커를 한쪽 벽에 덕지덕지 붙여놓
은 모습에서 딤섬 장인의 손맛과 뚝심이 엿보인다.

✗ 모든 딤섬류 MOP30, 차 MOP30 ✗ 세나도 광장에서 3번 버
스 탑승, 정류장 Alm. Lacerda/Mercado Vermelho 하차 후 도
보 약 3분 ♀ 3 R. Norte do Mercado Alm. Lacerda, Macau
🕐 07:00~17:00 📞 +853 287 4456

운람 Un Lam 店食小林園

현지인들 사이에서 줄 서서 먹는 맛집으로 소문난 국수 전문점이다. 마카오의 로컬 식당은 합석이 기본인데 운람 역시 둥근 테이블에 모르는 사람과 함께 앉아 먹게 될 가능성이 높다. 여러 국수 가운데 가장 인기가 좋은 것은 카레국수로 종류에 따라 닭 날개, 돼지고기, 감자 등이 토핑으로 들어간다. 토핑이 무엇이든 매콤한 카레 육수를 잔뜩 머금은 가느다란 면발의 맛이 일품이다.

✖ 카레 감자국수(咖喱薯仔麵) MOP26, 카레 닭날개국수(咖喱雞翼麵) MOP262 ✦ 세나도 광장에서 19번 버스 탑승, 정류장 Est. C. Ama ral/ Horta E Costa 하차 후 도보 약 3분 ♥ 17 Sena do Square, Macau ⏰ 08:30~23:00 ☎ +853 2852 6900

---

14 미쉐린이 인정한 국수의 맛

청케이 Loja Sopa de Fita Cheong Kei 祥記麵家

완탕면이나 탄탄면 외에 특별한 국수를 찾는다면 새우알 비빔면이 있다. 달걀 반죽으로 빚은 가느다란 국수 위에 새우알을 소복이 뿌려주는데, 새우알의 짭조름한 맛과 꼬들꼬들한 면발의 식감이 조화롭다. 청케이는 2017년부터 3년 연속 〈미쉐린 가이드〉 빕 그루망에 선정된 소문난 맛집이다. 〈미쉐린 가이드〉 빕 그루망은 비록 별점을 받을 정도는 아니지만 합리적인 금액으로 뛰어난 맛을 즐길 수 있는 식당으로, 세계적인 가이드북이 인정한 만큼 실패 확률이 적다. 새우알 비빔면 외 완탕(새우만두)을 튀긴 바삭한 짜완탕도 추천한다.

✖ 새우알 비빔면(招牌蝦子撈麵) MOP40, 짜완탕(炸雲吞) MOP52, 완탕면(雲吞湯麵) MOP34 ✦ 펠리시다데 거리에서 도보 약 2분 ♥ 68 R. da Felicidade, Macau ⏰ 11:30~ 24:00 ☎ +853 2857 4310

---

15 노포에서 맛보는 품격 있는 죽 한 그릇

셍케이콘지 Seng Kei Congee 盛記白粥

허름한 골목에 지붕도 없이 자리한 노포 식당이지만 여행객의 사랑을 한 몸에 받는 죽 전문점이다. 인기를 증명하듯 한국어를 비롯한 아시아 각국의 언어로 된 메뉴판까지 준비되어 있다. 20여 가지의 죽 메뉴 중 무난하게 즐기기 좋은 건 쇠고기죽이다. 유타오(튀긴 꽈배기)를 주문해 뜨거운 죽에 담가 눅눅할 때 죽과 함께 먹으면 금상첨화. 문을 일찍 닫는 편이고 그마저도 재료가 소진되면 예고 없이 문을 닫기 때문에 되도록 오전에 방문하는 것이 좋다.

✖ 쇠고기죽 MOP27, 유타오(튀긴 꽈배기) MOP8 ✦ 세나도 광장에서 도보 약 2분 ♥ Macau Av. de Almeida Ribeiro, Macau ⏰ 07:30~13:00 ☎ +853 6660 1295

카페 남핑 Cafe Namping 南屏雅敘

중국과 영국의 식문화가 절묘하게 섞인 '차찬텡'은 홍콩의 도심 어디
에서나 만날 수 있는 식당이다. 가격이 저렴하고 메뉴가 다양해
우리나라의 김밥천국처럼 언제든 부담 없이 즐기기 좋은 곳
으로 통한다. 카페 남핑은 마카오에 들어선 홍콩식 차찬텡
중 가장 유명한 곳이다. 우리나라의 여행 프로그램에도 소
개되었지만 여전히 손님의 대부분은 여행객보다 현지인이
다. 동네 주민들이 편안한 옷차림으로 신문을 읽으며 한가
로이 차와 디저트를 즐기는 풍경이 색다른
여행의 재미를 선사한다. 부드러운 빵 사
이에 스크램블에그가 가득 들어간 샌드
위치가 가장 유명하며 버터 한 조각이 올
라간 프렌치토스트도 추천할 만하다.

✕ 프렌치토스트(French Toast) MOP24,
햄&에그샌드위치(Ham & Egg Sandwich)
MOP24 🚶 세나도 광장에서 도보 약 8분
📍 85A, 85 R. de Cinco de Outubro, Macau
🕐 06:00~18:00 📞 +853 2892 2267

미스터 레이디 Mr. Lady

사람이 다니지 않는 외진 길에 위치했지만 일본식 수플레케이크를 판매하는 집 가운
데 가장 맛있는 집으로 소문난 곳이다. 소박하고 특별할 것 없는 내부 공간을 보면 맛
집이 맞나 싶지만 여러 디저트 메뉴 가운데 수플레케이크를 맛본다면 그 이유를 단번
에 알게 된다. 입에서 살살 녹는 식감, 적당히 달콤한 크림, 정갈한 데커레이션까지 어
느 하나 부족함이 없다. 바삭하게 튀긴 오징어튀김 역시 기대 이상의 맛을 선사한다.
점심 무렵에는 줄을 설 만큼 인기가 좋아 가능한 한 피해서 방문하길 추천한다.

✕ 오리지널 허니수플레 팬케이크(Original Ho
ney Soufle Pancake) MOP68, 오징어다리튀
김(Fried Squid Tentacles with Sea Sedge)
MOP68 🚶 세나도 광장에서 5번 버스 탑승, 정류
장 Horta E Cos ta/ Esc. Pui Ching 하차 후
도보 약 2분 📍 Edificio Hang Hong,
5號 Av. de Horta e Costa,
Macau 🕐 12:00~20:00(화
휴무) 📞 +853 2852 6716
🏠 facebook.com/mrlady
cafe

마가렛츠 카페 이 나타 Margaret's Cafe E Nata 瑪嘉烈蛋撻店

로드 스토우즈 베이커리와 함께 포르투갈 스타일 에그타르트 2대 명가 중 하나로, 절묘하게도 로드 스토우즈의 설립자 앤드류스의 전 부인 마가렛 여사가 처음 문을 열었다. 유명세가 높은 만큼 언제 가도 긴 줄을 서야 하고 그마저도 내부에는 자리가 없어 카페 앞 벤치를 이용해야 하지만 고생 끝에 맛보는 에그타르트의 맛은 소문 이상이니 기대해도 좋다.

✗ 에그타르트 1개 MOP11, 6개 MOP65 ✗ 세나도 광장에서 그랜드 리스보아 호텔 방향 도보 약 6분 ♥ 17B, Goldlion building, Rua do Comandante Mata e Oliveira, Macau ⏱ 월·화·목·금 08:30~16:300, 주말 10:00~18:00 ✆ +853 2871 0032

초이헝윤 베이커리 Choi Heong Yuen Bakery 咀香園餅家

육포, 아몬드쿠키, 월넛쿠키, 에그롤 등 마카오의 간식을 판매하는 가게 중 가장 유명한 브랜드로, 마카오 시내 곳곳에 지점이 있다. 1935년 처음 문을 연 이후 3대를 이어온 곳으로, 초이헝윤을 벤치마킹한 다른 과자점도 여럿 등장했을 만큼 사랑받고 있다. 육포 거리 지점 외 타이파에 위치한 쿤하 바자(Cunha Bazaar) 1층 지점도 여행객들이 많이 찾는다.

✗ 아몬드쿠키 MOP50~, 육포 MOP70~ ✗ 세나도 광장에서 도보 1분, 육포 거리 초입 ♥ 28E Rua de S.Paulo, Macau ⏱ 평일 10:00~22:00, 주말 11:00~22:00 ✆ +853 2836 2122 🏠 choi-heong-yuen.com

테라 커피 하우스 Terra Coffee House

모던한 실내와 시원시원한 통유리 벽이 지나는 사람들의 발길을 끈다. 직접 로스팅한 커피는 물론 샐러드, 파스타 등 가벼운 식사를 즐기기도 좋은 곳이다. 정오부터 3시까지 런치 타임에 방문하면 부담 없는 금액으로 푸짐한 런치 세트를 즐길 수 있다.

✗ 테라 아이스커피 MOP39, 스파이시 치킨 피자 MOP78 ✗ 세나도 광장에서 도보 약 5분, 돔 페드로 5세 극장 옆 내리막길 코너 ♥ Rua Central No.20, Macau ⏱ 월~토 10:00~21:30, 일 12:00~20:00 ✆ +853 2893 7943 🏠 facebook.com/terracoffee

21 아티스트와의 협업으로 탄생한 빈티지 카페

문예문 A Porta Da Arte 文藝門

문화와 예술의 세계로 통하는 문이라는
이름의 이곳은 마카오의 유명 디자이너
백강(百強)과의 컬래버레이션으로 탄
생한 카페이자 편집 숍으로, 공업사였던
옛 건물을 크게 손보지 않고 그대로 사용
해 빈티지한 멋이 묻어난다. 1층은 트라이
앵글 커피 로스터(Triangle Coffee Roaster)
카페, 2층부터 4층까지는 백강의 작품 전시관과 소
품점, 주얼리 숍 등이 들어서 있다. 트라이앵글 커피 로스터의 원두 자체가 워낙 유명
해 커피 맛은 평균 이상이며 커피와 함께 즐기기 좋은 케이크와 스낵 등도 꽤 훌륭하
다. 유명 아티스트가 디자인한 곳인 만큼 인증샷을 남기기에도 좋은 감각적인 카페다.

🍴 Co2 콜드브루 커피 MOP55, 캐러멜 시나몬 라테 MOP45, 저스트 어 치즈케이크 MOP48
🚶 성 바울 성당 유적에서 도보 약 3분 📍 42 R. dos Ervanarios, Macau 🕐 11:00~20:00
📞 +853 6345 6588 🏠 facebook.com/macau.artdoor

싱글 오리진 Single Origin Pour Over and Espresso Bar

성 라자루 당구 인근에 들어선 감각적인 로스터리 카페로, 카페 앞 나무 벤치에도 사람들이 앉아 커피를 마실 만큼 인기가 좋다. 3평 남짓한 작은 실내에 에스프레소 머신과 수증기로 커피를 추출하는 사이폰, 유난히 작은 테이블, 2층으로 이어진 계단 등이 오밀조밀하게 들어선 흥미로운 공간이다. 에스프레소의 맛은 다른 로스터리 카페에 비해 산도가 강하지 않아 부드러운 커피를 좋아한다면 가볼 만하다.

🍴 클래식 더티(Classic Dirty) MOP40, 더티 피스타치오(Dirty Pistachio) MOP45, 클라우디 블랙(Cloudy Black) MOP45 🚶 성 바울 성당 유적에서 도보 약 10분 📍 Rua de Abreu Nunes 19 R/C, Macau 🕐 12:00~20:00 📞 +853 6698 7476 📱 facebook.com/singleorigincoffee

23   맥주보다 맥주 같은 커피 맛보기

에어로라이트 카페 Aerolite Cafe 隕石咖啡

'운석 카페'라는 이름답게 우주선을 연상케 하는 인테리어가 특징이다. 곳곳에서 우주인과 외계인을 테마로 한 캐릭터들이 눈에 띈다. 다른 카페에서는 취급하지 않는 독특한 음료를 판매하는데 추천할 만한 것은 '맥주 아메리카노'다. 진짜 맥주를 넣지 않았지만, 맥주의 향이 은은히 나고 거품이 많아서 맥주를 마시는 듯한 착각을 불러일으킨다. 무엇보다 커피 자체의 맛이 꽤나 훌륭하고 진짜 맥주처럼 자극적이지 않아 술을 좋아하지 않아도 경험 삼아 즐겨볼 만하다. 의외로 쉬어갈 만한 카페가 많지 않은 성 바울 성당 유적 인근에서 도보 여행의 피로를 덜어줄 가뭄의 단비 같은 카페다.

🍴 맥주 아메리카노(Beer Americano) MOP39, 플랫 화이트(Flat White) MOP35 🚶 성 바울 성당 유적에서 연애항 방향 도보 약 3분 📍 54號 R. da Tercena, Macau 🕐 11:00~ 20:00(일 휴무) 📞 +853 6301 1945

트라이앵글 커피 로스터 Triangle Coffee Roaster

사람이 거의 지나지 않는 거리, 간판도 건물 외벽에 가려져 잘 보이지 않지만 그럼에도 물어물어 이곳을 찾는 사람이 늘고 있다. 마카오 카페 놀이의 중심에 서게 된 트라이앵글 커피 로스터의 이야기다. 트라이앵글이라는 이름은 원두, 로스팅, 마음 세 가지가 조화를 이룬다는 의미로, 이름처럼 오래 쉬어 가기 좋은 안락하고 편안한 공간이다. 다른 카페보다 에스프레소가 진하고 산도도 강하므로 커피 애호가라면 한 번쯤 가보자.

✗ 에스프레소 MOP30, 카페라테 MOP 38~42, 카푸치노 MOP36 🏃 성 바울 성당 유적에서 도보 약 5분 ♀ 68D R.de Tomas Vieira, Santo Antonio, Macau ⏱ 12:00~20:00 ☎ +853 3687 5333 🏠 facebook.com/Triangle Coffee Roaster

블룸 커피 하우스 Bloom Coffee House

커피 로스팅과 바리스타 육성, 카페 운영과 커피 머신 판매까지 카페를 넘어 커피에 관한 모든 것이 다루는 곳이다. 매장이 꽤 널찍하지만 대부분의 공간을 거대한 로스팅 머신과 판매 중인 상품이 차지해 테이크아웃만 가능하다. 길이 복잡하고 사람 많은 시장 안에 매장이 있지만 그럼에도 여행객들이 이곳을 찾는 건 소문난 커피 맛 때문. 풍미가 진한 플랫 화이트가 이곳의 시그니처 메뉴다.

✗ 하우스 에스프레소 MOP25~28, 롱 블랙 MOP28~36, 플랫 화이트 MOP36 🏃 성 라자루 당구에서 도보 약 5분(가는 길이 복잡하니 지도를 잘 활용하자) ♀ Rua de Horta E Costa, No.5, R/C, Macau ⏱ 평일 08:30~20:00, 주말 11:00~19:00 ☎ +853 6666 4479 🏠 blooomcoffeehouse.com

카페 토프 Cafe Toff

커다란 샹들리에와 색이 벗겨진 벽화, 낡은 소품들까지 빈티지 숍이 떠오르는 감각적인 카페. 음료와 더불어 오믈렛, 라멘, 아메리칸 브렉퍼스트 등 가벼운 식사도 즐기기 좋은 곳이다. 와플이 맛있기로 소문난 곳인 만큼 과일, 아이스크림, 피넛버터, 치즈, 베이컨 등 다양한 토핑의 와플을 맛보자.

🍴 믹스베리와플 MOP76, 망고요거트스무디 MOP42, 롱 블랙 MOP36~40　🚶 성 바울 성당 유적에서 도보 약 12분　📍 No72 R. da Esperanca, Macau　🕐 월~일 11:30~21:30
📞+853 2892 1326　🏠 facebook.com/toffcafe

27　80년 전통의 수제 '아이스케키' 전문점

라이케이 Lai Kei Sorvetes 禮記雪糕

복고 감성을 좇는 여행객에게 추천할 만한 수제 아이스크림집. 색 바랜 타일과 벽지, 투박한 냉장고와 낡은 선풍기까지 이곳의 모든 것이 일부러 연출한 것 같지만 실제로 1930년대에 문을 연 후 3대에 걸쳐 생긴 시간의 흔적이다. 가장 유명한 메뉴는 얇은 웨하스 과자 사이에 멜론 맛 아이스크림이 들어간 아이스크림 샌드위치로, 달콤한 맛도 좋지만 창립 당시의 레트로한 포장에 더 눈길이 간다.

🍴 아이스크림 MOP14, 아이스크림 샌드위치 MOP18　🚶 성 바울 성당 유적에서 도보 약 10분
📍 12 Av. do Conselheiro Ferreira de Almeida, Macau　🕐 11:00~ 19:00
📞 +853 2837 5781　🏠 laikei-icecream.com

01 싹 쓸어 담고 싶다! 노란 예쁜 상점

메르세아리아 포르투게자 Mercearia Portugues

커다란 나무 그늘에 가린 노란색 건물 안으로 들어가면 작은 상점이 나온다. '포르투갈 식료품점'이라는 뜻처럼 이곳의 모든 물품은 포르투갈에서 들여온 것들로, 화장품이나 비누 같은 생활용품과 더불어 통조림, 와인, 과일 잼 등의 먹거리도 만날 수 있다. 베나모아 핸드크림(Benamor/MOP99~), 카스텔벨 수제 비누(Castelbel/MOP110~), 쿠토 치약 (Couto/MOP15~) 등 포르투갈로 여행을 가는 사람들이 눈독 들이는 물건이 많으니 실용적인 선물 아이템을 찾는다면 이곳부터 들러보기를 권한다.

🚶 성 라자루 성당을 오른쪽에 두고 오르막길 도보 2분 📍 8 Calçada da Igreja de São Lázaro
🕐 평일 13:00~21:00, 주말 12:00~21:00 📞 +853 2856 2708 🏠 merceariaportuguesa.com

02 수탉에 관한 모든 것

포르투기스 스트리트 수버니어 Portuguese Street Souvenir 葡國街紀念品有限公司

마카오의 거리 곳곳에서 가장 많이 눈에 띄는 물건, 바로 수탉 디자인 상품이다. 포르투갈의 상징이 수탉이기 때문인데 포르투기스 스트리트 수버니어는 수탉 기념품을 모아놓은 독특한 기념품 숍이다. 마그넷, 병따개, 타일, 인형 같은 기본 상품부터 컵, 접시, 수저, 오븐 장갑 등의 주방용품까지 다양한 수탉 디자인 기념품이 방문객의 시선을 사로잡는다. 수탉과 관련은 없지만 포르투갈의 축구 스타 호날두 인형이나 성 바울 성당 유적 관련 상품 등도 눈에 띈다. 마카오를 상징하는 기념품을 찾는다면 다른 데 갈 필요 없이 이곳만 공략해도 될 정도다.

🚶 성 바울 성당 유적에서 육포 골목 방향 도보 약 2분 📍5a Calcada do Amparo (St.Paulo), Macau 🕐 10:00~18:00 📞 +853 2832 6805

마카오 반도

타이파

코타이

콜로안

BEST 5

01
타이파 빌리지
산책

02
하우스 오브
댄싱 워터
공연

03
오문
쇼핑

04
파리지앵
마카오 에펠
전망대

05
더 런더너 마카오
사진 촬영

온갖 문화의 혼재

타이파·코타이 스트립

Taipa·Cotai Strip 氹仔·路氹

화려하게 불을 밝힌 코타이 스트립 호텔 단지 뒤로 호젓한 산책로가 보인다. 한 도시의
과거와 오늘을 뒤섞은 뒤 아무렇게나 펼쳐놓으면 이런 모습일까? 제멋대로인 듯 무질서
속에서도 꽤나 멋스럽고 우아한 질서가 엿보이는 타이파와 코타이를 만나보자.

ACCESS

홍콩에서 타이파로

 페리

O **홍콩 마카오 페리 터미널(성완)**
ㅣ 터보젯, 코타이 워터젯
ㅣ ⏱ 약 1시간 MOP160~
O **타이파 페리 터미널·**

O **홍콩 스카이 페리 선착장**
ㅣ **(홍콩 국제공항)**
ㅣ 코타이 워터젯
ㅣ ⏱ 약 1시간 MOP270~
O **타이파 페리 터미널**

버스

O **엘리먼츠 쇼핑몰(침사추이)**
ㅣ 홍-마 익스프레스 ⏱ 1시간 10분 MOP160~
O **MGM 코타이, 갤럭시 마카오,**
베네시안 마카오 호텔

O MTR 조던역 C505 Canton Rd
ㅣ 원 버스 ⏱ 약 1시간 45분 MOP160~
O **베네시안 마카오, 파리지앵 마카오 호텔**

O **홍콩 코우안(홍콩 국제공항 인근)**
ㅣ HZM 버스 ⏱ 약 45분 MOP65~
O **마카오 코우안(마카오 국경)**

공항에서 코타이 스트립 각 호텔로

O **마카오 국제공항**
ㅣ 베네시안 마카오, 시티 오브 드림즈 등 호텔 셔틀버스 ⏱ 약 10분 무료 / 택시 ⏱ 약 10분 MOP47~
O **각 호텔**

마카오반도에서 타이파 & 코타이 & 콜로안으로

O **세나도 광장 정류장**
ㅣ **(Almeida Ribeiro/Rua Mercadores)**
ㅣ 33번 버스 ⏱ 약 22분 MOP6

O **쿤하 거리 정류장 (Rua do Cunha)**

O **마카오 그랜드 엠페러 호텔**
ㅣ 시티 오브 드림즈, 스튜디오 시티 호텔 셔틀버스
ㅣ ⏱ 약 20분 무료
O **각 호텔**

O **마카오 페리 터미널**
ㅣ 베네시안 마카오, 시티 오브 드림즈 등
ㅣ 호텔 셔틀버스 ⏱ 약 30분 무료
O **각 호텔**

O **마카오 타워 정류장**
ㅣ **(Torre/Tunel Rodoviarios)**
ㅣ 26번 버스 ⏱ 약 15분 MOP6
O **쿤하 거리 정류장(Rua do Cunha)**

타이파·코타이 스트립
상세 지도

＊ 콜로안은 지면 관계상 구글 지도에만 실었습니다.

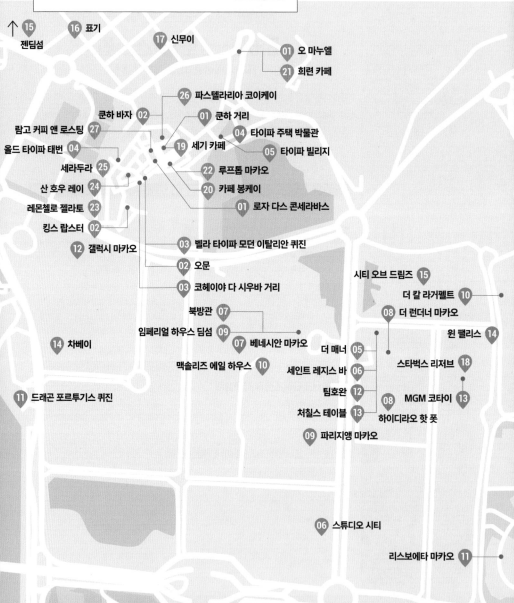

↑ 15 젠딤섬

16 표기

17 신무이

01 오 마누엘

21 희련 카페

26 파스텔라리아 코이케이

쿤하 바자 02

01 쿤하 거리

04 타이파 주택 박물관

람고 커피 앤 로스팅 27

올드 타이파 태번 04

19 세기 카페

05 타이파 빌리지

세라두라 25

22 루프톱 마카오

산 호우 레이 24

20 카페 봉케이

레몬첼로 젤라토 23

01 로자 다스 콘세라바스

킹스 랍스터 02

12 갤럭시 마카오

03 벨라 타이파 모던 이탈리안 퀴진

02 오문

03 코헤이야 다 시우바 거리

시티 오브 드림즈 15

더 칼 라거펠트 10

북방관 07

08 더 런더너 마카오

임페리얼 하우스 딤섬 09

07 베네시안 마카오

윈 팰리스 14

더 매너 05

맥솔리즈 에일 하우스 10

스타벅스 리저브 18

14 차베이

세인트 레지스 바 06

팀호완 12

08 MGM 코타이 13

11 드래곤 포르투기스 퀴진

처칠스 테이블 13

하이디라오 핫 폿

09 파리지앵 마카오

06 스튜디오 시티

리스보에타 마카오 11

154

쿤하 거리 Rua do Cunha 官也街

온통 한자로 된 간판들이 건물마다 덕지덕지 붙어 있고 지나가는 여행객을 향해 상인들이 끊임없이 말을 건다. 정신을 쏙 빼놓는 이곳은 타이파 최대의 먹자골목으로 불리는 쿤하 거리다. 찹쌀떡, 육포, 아몬드쿠키를 비롯해 마카오에서 판매하는 모든 길거리 음식을 한 곳에서 만날 수 있다. 요란스러운 길 끝으로 딴 세상 같은 호젓한 타이파 빌리지가 시작되어 독특한 여행의 재미가 느껴진다. 거리 양옆으로 뻗은 작은 골목을 따라 들어가면 곳곳에 감각적인 카페가 들어선 산책로가 펼쳐진다.

🚶 세나도 광장에서 33번 버스 탑승 후 정류장 Rua do Cunha 하차, 도보 약 1 ♀ Rua do Cunha, Taipa

쿤하 바자 Cunha Bazaar 官也墟

멀리서도 우스꽝스러운 일러스트로 도배된 노란색 건물이 한눈에 들어온다. 이 건물을 중심으로 맛집 골목이 들어선 쿤하 거리가 시작되고 다시 쿤하 거리 끝에 타이파 빌리지로 향하는 계단이 나오니, 쿤하 바자야말로 타이파로 통하는 관문이라 할 수 있다. 본 건물 2층에 자리했던 기념품 숍 마카오 크리에이션(Macau Creations)이 문을 닫은 이후 이곳을 찾는 여행객의 발길도 많이 줄었지만, 그럼에도 타이파 여행의 가장 손쉬운 지표니 알아두는 것이 좋다. 1층에는 선물용으로 좋은 아몬드쿠키나 육포 등을 판매하는 초이헝윤 베이커리가 들어서 있으니 본격적인 타이파 여행 전에 방문해보자.

🚶 세나도 광장에서 33번 버스 탑승 후 정류장 Rua do Cunha 하차, 도보 약 2분 ♀ Rua do Cunha No. 33-35 R/C, Taipa 🕐 09:30~22:00 📞 +853 2882 7989 🌐 cunhabazaar.com

코헤이야 다 시우바 거리 Rua Correia da Silva 利雅施利華街

쿤하 거리가 끝나고 타이파 빌리지가 시작되는 지점에 좌우로 길게 뻗은 도로다. 산책로라 하기엔 사람이 걸어갈 수 있는 길도 너무 좁고 또 특별히 볼 만한 스폿도 없어 쿤하 거리를 빠져나온 여행객 대부분이 이 길을 그냥 지나쳐 바로 타이파 빌리지로 향한다. 하지만 쿤하 거리를 등지고 왼쪽 길을 따라 조금만 걸어가면 커다란 나무가 그

늘을 만들어주는 작은 공원, 사람이 거의 내리지 않는 버스 정류장, 동네 주민들이 안녕을 기원하는 사원 등 소소한 마을 풍광이 펼쳐진다. 이미 유명해진 관광지가 아닌 나만의 비밀스러운 스폿을 찾는 여행객이라면 추천할 만한 곳이다.

🚶 쿤하 거리가 끝나는 지점에서 도보 약 3분 📍 Estrada da Baía de N. Senhora da Esperança, s/n, Taipa
📞 +853 2882 8888
🏠 venetianmacao.com

타이파 주택 박물관 Casas Museu Da Taipa 龍環葡韻住宅式博物館

포르투갈인들의 주거지를 개조해 세운 박물관으로, 100년 전 포르투갈 상류층의 생활을 엿볼 수 있다. 멀리서도 한눈에 보이는 민트색 건물 다섯 동이 일정한 간격으로 들어섰는데, 내부로 들어가면 전통 의상을 입은 마네킹과 함께 사진 자료가 전시되어 있어 당시의 생활을 생생히 들여다볼 수 있다. 박물관 앞으로 거대한 호수와 나무가 들어선 산책로가 조성되어 있어 웨딩 촬영 장소로도 유명하다. 굳이 안으로 들어가지 않고 멋스런 건물 주변의 풍경을 즐기는 것만으로도 방문 가치가 충분한 곳이다.

💲 입장료 무료 🚶 세나도 광장에서 33번 버스 탑승 후 정류장 Chun Yuet Garden Building 하차, 도보 약 5분 📍 Avenida da Praia, Taipa 🕙 10:00~19:00(월 휴관) 📞 +853 2882 7103 🏠 taipavillagemacau.com/directory/taipa-houses-museum

05 Oldies But Goodies

타이파 빌리지 Taipa Village 氹仔

식민 시절 청나라의 간섭으로 시끄러웠던 마카오반도에서 벗어나 한적한 곳에 별장을 지어 휴양을 누리고 싶어 한 포르투갈인들이 선택한 곳이 바로 현재의 타이파 빌리지다. 끊임없이 도로가 늘어나고 새로운 호텔이 들어서는 코타이 스트립이 신시가지라면 100년 전 모습에서 거의 변한 것이 없는 이곳은 일종의 구시가지. 오늘날 마카오의 관광 산업이 눈부신 성장을 한 데는 돈을 들여 건설한 호텔과 여러 어트랙션에

절반의 공이, 그리고 100여 년 동안 '방치'되어 오면서 빈티지한 풍경으로 거듭난 타이파 빌리지에 나머지 공이 있다. 기념품점과 음식점이 늘어선 쿤하 거리(Ruo do Cunha)를 지나면 파스텔 톤의 집과 포르투갈식 물결무늬 타일이 깔린 도로가 나타난다. 목적지 없이 꼬불꼬불 이어진 길을 걸으며 온전한 여유를 느껴보자. 좋은 구도를 찾거나 보정하지 않아도 화보 같은 사진을 얻을 수 있으니 카메라는 반드시 챙기자.

🚶 세나도 광장에서 33번 버스 탑승 후 정류장 Rua do Cunha 하차, 도보 약 3분 📍 Taipa Village, Taipa

스튜디오 시티 Studio City 新濠影滙

중국 반환 이후 마카오의 변신을 주도한 것은 호화 호텔과 카지노였다. 최근 기술력으로 승부한 새로운 변화가 시작됐는데, 그 중심에 바로 스튜디오 시티가 있다. 호텔이 맞나 싶을 만큼 각종 첨단 장비가 동원된 복합 엔터테인먼트 시설이다. 밤하늘 속으로 핀 조명을 쏘아 올린 외관은 고담시티에서 영감을 받은 것으로, 화려함과 을씨년스러움이 동시에 느껴진다. 내부에는 SF 영화 같은 시설들이 펼쳐지는데, 130m 상공에서 숫자 8을 그리며 빙글빙글 돌아가는 대관람차 골든 릴(Golden Real)이 스튜디오 시티의 대표 어트랙션이다. 그 밖에 스페인 이비사섬의 것을 그대로 옮겨온 클럽 파차(Pacha), WB사의 만화 캐릭터로 꾸민 어린이 놀이터 WB 펀 존(WB Fun Zone) 등 화려한 오락거리를 만날 수 있다.

$ [스튜디오 시티 워터 파크] 성인 MOP520~, 키 91~109 cm 어린이 MOP320~, [슈퍼 펀 존] 성인 MOP100~ 120, 키 100cm 이상 어린이 MOP180~230 🚶 마카오 국제공항 또는 타이파 페리 터미널에서 호텔 셔틀버스 이용 시 약 15분, 또는 베네시안 마카오에서 도보 약 20분 📍 Estr Florde Lotus, Macau 🕐 [골든 릴] 평일 12:00~20:00, 주말 11:00~21:00 [WB 펀 존] 10:00~19:00(매일) 📞 +853 8865 6868 🏠 studiocitymacaumedia.com

07 이탈리아의 베네치아가 마카오에

베네시안 마카오 The Venetian Macao 澳門威尼斯人

마카오에 수많은 호텔이 있지만 여전히 여행객들은 베네시안 마카오에 묵고 싶어 한다. 우리나라의 TV 프로그램과 잡지 등에서 이곳이 마치 마카오의 전부인 양 소개했기 때문인데, 실제로 가보면 지나친 과장이 아니라는 것을 알게 된다. 물의 도시인 이탈리아 베네치아를 그대로 옮겨놓은 듯 리알토 다리 아래로 곤돌라가 떠다니고 곤돌리에들이 목청 높여 칸초네를 부른다. 바티칸의 시스티나 성당을 재현한 복도의 천장에 〈최후의 만찬〉과 〈천지창조〉 등이 펼쳐져 있다. 워낙 거대한 데다 비슷한 길이 많아 길을 잃기 쉬우니 안내서부터 챙기자.

🚶 마카오 국제공항 또는 타이파 페리 터미널에서 호텔 셔틀버스 이용 시 약 10분 📍 Estrada da Baía de N. Senhora da Esperança, s/n, Taipa 📞 +853 2882 8888 🏠 venetian.macao.com

더 런더너 마카오 The Londoner Macao 澳門倫敦人

한화 2조 6,000억 원의 비용, 2년간의 공사, 데이비드 베컴이 모델. 바로 더 런더너 마카오의 기록이다. 2023년 완공되면서 마카오의 새로운 랜드마크가 된 더 런더너 마카오는 6,000여 개의 객실이 모두 스위트룸일 만큼 호화로운 시설을 자랑한다. 그러나 굳이 숙박을 하지 않고 런던의 빅벤과 똑같은 모습의 '엘리자베스 타워'를 배경으로 사진만 찍어도 특별한 추억을 만들 수 있다. 로비에서 진행하는 근위병 교대식은 명불허전! 마카오가 선사하는 무료 공연 중 단연 최고라 할 만하다. 런던의 빅토리아역을 모델로 한 출입문부터 곳곳에 놓인 빨간색 2층 버스, 실물 크기로 복제한 피카디리 서커스의 섀프츠베리 기념 분수와 안테로스 동상까지 런던을 그대로 옮겨놓았다 해도 과언이 아니다. 베네시안 마카오와 연결되는 통로를 이용하면 왼쪽으로 빅벤이, 오른쪽으로 에펠 타워가 우뚝 솟은 진풍경이 펼쳐진다. 해 질 무렵 이곳에 가면 마카오 여행 최고의 사진들을 남길 수 있다.

🚶 베네시안 마카오에서 연결 통로 이용 도보 약 10분
📍 Estrada do Lstmo. s/n, Cotai 근위병 교대식
19:30, 21:00(화~목), 16:00, 19:30, 21:30(금~일)
📞 +853 2882 2878 🏠 londonermacao.com

09   마카오에서 느끼는 파리 감성

파리지앵 마카오 The Parisian Macao 澳門巴黎人

2016년 9월 코타이 스트립 한복판에 에펠 타워가 들어서면서 수년간 이곳의 랜드
마크였던 베네시안 마카오는 그 지위를 파리지앵 마카오에게 넘겨줬다. 높이 162m
로 파리 에펠 타워의 절반 크기지만, 그 위용만큼은 원본 이상. 코타이 스트립 어디서
든 이 높은 첨탑이 눈에 들어온다. 꼭대기 전망대에 오르면 화려하게 조명을 밝힌 도
시를 발아래로 내려다볼 수 있으니 날씨가 좋다면 전망대에 올라보자. 프랑스 파리
의 팔레 가르니에(Palais Garnier) 오페라 극장 내부를 그대로 옮겨온 호텔 로비도 색
다른 볼거리를 선사한다. 황금색과 붉은색으로 장식한 카펫, 천장과 벽을 가득 채운
그림 등이 마치 진짜 파리에 온 듯한 착각을 불러일으키는데, 무엇보다 자크 루이 다

비드의 걸작 〈나폴레옹 대관식〉이 실물 사이즈
로 걸려 있어 탄성을 자아내게 한다. 프랑스산 대
리석으로 꾸민 바닥이나 베르사유 궁전을 벤치마
킹한 컨시어지 등 호텔 곳곳에서 프랑스의 화려한
예술 세계를 접할 수 있다.

$ [에펠 전망대] 성인 MOP108, 12세 미만 MOP87
🚶 마카오 국제공항 또는 타이파 페리 터미널에서 호
텔 셔틀버스 이용 시 약 10분 📍 The Parisian Macao,
Estrada do Istmo, Lote 3, Cotai Strip 🕐 에펠 전망대
11:00~23:00(마지막 입장 22:30, 날씨에 따라 변동 가
능) 📞 +853 2882 8833 🏠 parisianmacao.com

더 칼 라거펠트 The Karl Lagerfelt 卡爾·拉格斐

©Karl Lagerfeld

칼 라거펠트가 생전 참여한 마지막 프로젝트이자 그가 처음부터 끝까지 직접 디자인한 세계 유일의 호텔이다. 중국의 황실 문화와 프랑스 베르사유 궁전의 바로크 양식이 어우러진 로비는 화려함 그 자체. 꽃병부터 소파, 조명까지 곳곳에서 칼 라거펠트의 섬세함이 느껴진다. 리셉션은 웨스 앤더슨 감독의 영화 〈그랜드 부다페스트 호텔〉에서 영감 받은 것으로 영화 특유의 동화 같은 감성이 잔뜩 묻어난다. 칼 라거펠트가 직접 고른 4,000여 권의 책이 빼곡히 찬 엄청난 규모의 북 라운지도 특유의 창의성이 깃들어 있으니 잊지 말고 들러보자. 작은 것 하나에도 칼 라거펠트의 영감이 닿아 있는 호텔로, 숙박하지 않아도 한 번쯤 들러 구석구석 돌아보길 추천한다.

🚶 마카오 국제공항 또는 타이파 페리터미널에서 호텔 셔틀버스 이용 시 약 10분 📍The Karl Lagerfeld Rua do Tiro, Cotai 📞+853 8881 3888 🏠thekarllagerfeld.mo

리스보에타 마카오 Lisboeta Macau 澳門葡京人

2023년에 오픈한 신규 호텔로 리스보에타 호텔, 카사 데 아미고, 메종 록시땅까지 3개의 호텔이 들어섰다. 1960년 대의 레트로풍 건물 안으로 들어가면 라인 프렌즈 캐릭터 인형들이 손님을 반기는데, 마카오의 다른 호텔들이 규모 와 호화로움으로 압도한다면 리스보에타 마카오는 귀엽 고 아기자기한 면을 강조해 조금 더 편안한 느낌이다. 그렇 다고 호텔 객실이 작거나 룸 컨디션이 나쁜 것도 아니어서 가성비 호텔을 찾는 여행자에게 제격이다. 높이가 60m 에 달하는 아시아 최초의 도심형 집라인인 집 시티(Zip City)를 비롯해 실내 스카이다이빙 센터인 고 에어본(Go Airborne) 등 짜릿한 액티비티 시설도 운영 중이다.

🚶 베네시안 마카오에서 택시로 약 7분
📍 R. da Patina gem, Cotai 📞 +853 8882 6888

타이파·코타이 스트립

> **TIP**
> ### 리스보에타 대표 액티비티
> **집 시티(Zip City)**
> 🕐 목~월 14:00~22:00
> 💲 성인 MOP420~, 소아 MOP400~
>
> **고 에어본(Go Airborne)**
> 🕐 11:00~22:00(월~일)
> 💲 MOP499~

갤럭시 마카오 Galaxy Macau 澳門銀河

갤럭시, 오쿠라, 반얀트리, 리츠칼튼, JW 메리어트, 브로드웨이 호텔까지 무려 6개의 호텔이 모여 있다. 특성화된 엔터테인먼트 요소가 부족한 점은 아쉽지만 인공 파도 풀을 갖춘 대형 워터파크 그랜드 리조트 덱(Grand Resort Deck)이 있어 어린이를 동반한 가족 여행객들이 가장 선호하는 호텔이다. 행운의 다이아몬드 쇼(Fortune Diamond)도 무료 공연인 만큼 재미 삼아 볼 만하다.

🚶 마카오 국제공항 또는 타이파 페리 터미널에서 호텔 셔틀버스 이용 시 약 15분 ♥ Estrada da Baia de Nossa Senhora da Esperanca, Galaxy Macau, Cotai 🕐 그랜드 리조트 덱 09:00~18:00 📞 +853 2888 0888 🏠 galaxymacau.com

MGM 코타이 MGM Cotai 美獅美高梅

마카오반도에 있는 MGM 마카오의 쌍둥이 호텔로, 2017년 말에 오픈했다. 라스베이거스에서 위용을 떨치고 있는 럭셔리 호텔 브랜드인 만큼 마카오의 MGM 역시 모든 면에서 최고급을 지향한다. 무엇보다 테니스 코트 3개 규모의 초대형 액정 화면이 설치된 MGM 극장(MGM Theater)이 눈길을 끈다. 호텔 입구에 세워진 24K 금박 3만 2,000장을 이어 붙여 만든 높이 11m의 대형 사자상과 로비 곳곳에 전시된 현대 작가들의 개성 강한 사자상 등 사자를 주제로 한 각종 전시물들도 방문자들의 시선을 끈다.

🚶 마카오 국제공항 또는 타이파 페리 터미널에서 호텔 셔틀버스 이용 시 약 10분 ♥ MGM Cotai, Av. da Nave Desportiva, Cotai 📞 +853 8806 8888 🏠 mgm.mo/en/cotai

윈 팰리스 Wynn Palace Cotai 永利皇宮

오픈 1년 만에 가장 핫한 호텔로 떠오른 곳으로, 인기 비결은 다양한 놀거리다. 윈 마카오보다 크고 화려한 분수 쇼, 호텔을 한 바퀴 도는 케이블카 스카이 캡(Sky Cab), 랴오 이바이의 〈신데렐라 하이힐(Cinderella High Heel)〉, 스티브 윈의 아트 컬렉션, 플라워 데코의 대가 프레스턴 베일리가 디자인한 초대형 생화 장식물까지 호텔 안팎에 즐길 거리가 가득하다. 투숙객은 물론 방문객도 어트랙션을 무료로 이용할 수 있다.

💲 모든 어트랙션 무료 🚶 마카오 국제공항 또는 타이파 페리 터미널에서 호텔 셔틀 이용 시 약 10분 ♥ Wynn Palace, Avenida Da Nave Desportiva, Cotai 🕐 스카이 캡 10:00~24:00(마지막 입장 23:40) 분수 쇼 12:00~24:00(20~30분 간격) 📞 +853 8889 8889 🏠 wynnpalace.com

시티 오브 드림즈 City of Dreams 新濠天地

코타이 스트립에 최초로 등장한 거대 호텔 단지로, 모르페우스(Morpheus), 누와(Nüwa), 카운트다운 호텔(The Countdown Hotel), 그랜드 하얏트 마카오(Grand Hyatt Macau)까지 4개의 호텔이 들어서 있다. 호텔을 숙박 공간에서 복합 엔터테인먼트 공간으로 변신시킨 최초의 호텔로 평가받는 곳이다. 우리나라 가수 싸이(PSY)가 공연했던 클럽 큐빅의 후신 클럽 파라(Club Para), 마카오에서 가장 핫한 공연인 '하우스 오브 댄싱 워터(House of Dancing Water)', 모던하고 감각적인 푸드 코트 소호(SOHO) 등 다른 호텔에 비해 즐길 거리가 많아 투숙객이 아니어도 반드시 들르는 관광 코스로 자리 잡았다. 특히 모르페우스 호텔은 동대문 디자인 플라자(DDP)를 설계한 건축가 자하 하디드의 유작으로 의미가 깊다.

📍 마카오 국제공항 또는 타이파 페리 터미널에서 호텔 셔틀버스 이용 시 약 10분 🕐 Estr. do Istmo, City of Dreams, Cotai 📞 +853 8868 6688 🏠 cityofdreamsmacau.com

타이파·코로안 스트립

TIP

하우스 오브 댄싱 워터(House of Dancing Water) 관람

❶ 공연 정보: 시티 오브 드림즈 내 공연장/17:00, 20:00 (목~월 하루 2회)/약 2시간 소요/VIP석 MOP1,498, A석 MOP998, B석 MOP798, C석 MOP598

❷ 자주 매진되는 공연이므로, 사전 예매를 추천한다. 홈페이지(thehouseofdancingwater.com)에서 예약 후 바우처를 프린트해 공연 당일 신분증과 함께 제시하면 티켓을 받을 수 있다. 예약 사항은 변경이 불가하며, 취소 시 환불도 불가하니 주의하자. 클룩이나 마이리얼트립 등 여행 예약 사이트에서도 예약 가능하다.

❸ 정기 휴무일(화~수) 외 비정기 휴무도 많으니 홈페이지를 통해 반드시 스케줄을 확인해야 한다.

❹ 원형 무대인 데다 내려다보는 구조라 C석에 앉아도 시야가 가릴 일은 없으니 무리해서 비싼 좌석을 구매할 필요는 없다.

❺ 무대 맨 앞에서 네 번째 자리까지는 물이 튈 수 있어 담요를 나눠준다.

오 마누엘 O Manuel 阿曼諾葡國養

타이파 외곽에 위치한 오 마누엘은 규모도 아담하고
간판도 잘 보이지 않아 일부러 찾아가야 하지만, 마카
오의 그 어떤 식당보다 꼭 먼저 가야 할 곳이다. 포르
투갈 이민자인 마누엘 씨가 고향의 어머니로부터 전
수받은 '포르투갈식 집밥'을 선보이는데, 유명 셰프의
요리보다 소박하지만 품격 있는 마카오 가정식을 맛
볼 수 있다. 여러 메뉴 중 바지락찜과 해물밥, 립 요리
등이 유명한데 특히 립은 특유의 불맛 덕에 맥주와 최
상의 궁합을 자랑한다. 크렘브륄레, 달걀 푸딩 같은 디
저트도 퀄리티가 높으므로 이곳에 방문했다면 식사
와 술, 디저트까지 고루 경험해보길 추천한다.

✕ 포크 립 구이(Pork Meat Alentejana Style) MOP160,
해물밥(Seafood Rice) MOP280, 크렘브륄레(Portuguese
Creme Brulee) MOP30 ✦ 쿤하 거리에서 타이파
빌리지 방향 도보 약 6분 ♥ 84-100 R. de, R.
de Fernao Mendes Pinto, Macau
🕐 12:00~15:00, 18:00~22:00(수 휴무)
☎ +853 2882 7571

킹스 랍스터 King's Lobster

매캐니즈 요리와 광둥요리를 충분히 맛본 여행객들에
게 추천하는 랍스터 요리 전문점이다. SNS를 통해 널
리 알려진 비주얼만큼 맛도 훌륭하고 양도 넉넉해 살
짝 부담스런 금액임에도 만족도가 높다. 랍스터를 활
용한 다양한 메뉴 중 가장 인기 좋은 것은 랍스터 반
쪽이 고스란히 올라간 랍스터 라이스와 랍스터 스파
게티다. 랍스터 라이스에는 고수가 들어 있으니 참고
하자.

✕ 킹스 클래식 랍스터 롤(King's Classic Lobster Roll)
MOP198, 랍스터 스파게티(Lobster Spaghetti) MOP208,
킹스 그릴 랍스터(King's Grill Lobster) MOP328 ✦ 쿤하
바자에서 도보 약 3분 ♥ Rua dos Negociantes No 23,
Taipa 🕐 12:30~15:00, 18:00~22:30(수 24시간 영업)
☎ +853 6301 1823 ♠ facebook.com/Kingslobster

벨라 타이파 모던 이탈리안 퀴진
Bella Taipa Modern Italian Cusine

타이파의 호젓한 산책로에 자리한 이탈리안 레스토랑
이다. 마카오의 유명 건축가가 참여해 실내외 공간을
꾸밀 만큼 인테리어에 공을 들였지만 특별한 점을 발
견하긴 힘들다. 이탈리안 레스토랑답게 피자와 파스
타 종류가 다양하고 와인도 수준급으로만 갖추어놓
았다. 무엇보다 이탈리아에서 공수한 진짜 이탈리아
맥주를 판매해 색다른 맥주 맛을 경험할 수 있다. 다
만 피자의 맛은 다소 평범한 수준으로 일부러 찾아가
기보다 중국요리, 매캐니즈 요리가 아닌 다른 요리가
그리울 때 한 번쯤 방문해볼 만하다.

🍴 마르게리타피자(Pizza Margherita) MOP98, 알리오올리
오 파스타(Spaghetti Aglio Olio e Peperoncino) MOP88
🚶 쿤하 거리에서 도보 약 2분 📍No.1 1R. dos Clerigos,
Taipa ⏰ 일~목 12:00~23:00,
금·토 12:00~24:00
📞 +853 2857 6621
🏠 bellataipa.com

올드 타이파 태번 Old Taipa Tavern

마카오 유일의 호주 스타일 펍. 초대형 스크린을 포함
해 7대의 모니터를 갖춰 스포츠 경기가 있을 때면 인
산인해를 이룬다. 수제 맥주를 판매하는 집답게 선택
이 어려울 만큼 다양한 맥주를 판매하고, 분위기가
자유로운 덕에 나른하게 취하기 좋다. 무엇보다 메뉴
가 단순히 술안주라기엔 맛이 예사롭지 않다. 특히 더
블 덱 나초는 양념과 치즈가 듬뿍 올라가 독특한 풍
미를 자랑하며 양도 넉넉해 한 끼 식사로 손색이 없
다. 도보여행 끝에 맛보는 차가운 맥주의 청량함
이 여름날의 미풍처럼 이마의 땀을 말끔히 씻
어주는 곳이다.

🍴 더블 덱 나초(Double Deck Nachos)
MOP145, 살사타코(Salsa Picante Tacos)
MOP88, 수제 맥주 MOP67~ 🚶 쿤하 거
리에서 도보 약 2분 📍R. de São Joao,
Taipa ⏰ 15:00~02:00 📞 +853 28
82 5221 🏠 instagram.com/theott

더 매너 The Manor

세인트 레지스 마카오 호텔 내 포르투갈 요리 전문점이다. 넓은 매장을 다이닝 룸, 와인 갤러리, 베란다, 펜트하우스 키친, 도서 관 5개 콘셉트로 꾸민 것이 인상적인데, 어떤 섹션을 선택하든 메뉴는 똑같다. 스타터와 메인 요리로 구성된 점심 식사 2코스가 MOP228, 디저트를 더한 3코스가 MOP368로, 특급 호텔 레스토랑치고 가격은 합리적이다. 프라임 육류 셀 렉션(Prime Meats Selection)에서 일본의 A5, 미국의 Prime, 호주의 MS9 등 각국 최상급 소고기를 제공해 고품격 스테이크를 맛볼 수 있다.

✕ 점심 2코스 MOP228, 점심 3코스 MOP258, 저녁 6코 스 MOP1,388 🚶 세인트 레지스 마카오 호텔 내 1층 📍 1/F, The St. Regis Macao Cotai Central, Cotai 📞 +853 2882 8898 🏠 sandscotaicentral.com/restaurants/asian-international/the-manor.html
🕐 월~토 런치 12:00~15:00, 일 브런치 12:00~15:30, 매일 디 너 18:00~23:00

세인트 레지스 바 St. Regis Bar

세인트 레지스 마카오 호텔 내 웨스턴 스타일 바로, 시 그니처 음료는 뉴욕 세인트 레지스 바에서 탄생한 토 마토주스 베이스의 칵테일, 블러디 메리다. 전 세계의 세인트 레지스 바 지점마다 맛과 모양이 다른 블러디 메리를 선보이는데, 마카오에서는 뉴욕과 오사카, 멕시 코 시티 등 5개 도시의 블러디 메리를 맛볼 수 있다. 가 벼운 안주를 원한다면 송로버섯을 얹은 감자튀김 스타 더스트를 추천한다. 오후 2시부터 5시 30분까지 제공 하는 애프터눈 티 세트도 꽤 훌륭하다.

✕ 블러디 메리 MOP148~158, 애프터눈 티 세트 2인 구성 MOP538 🚶 세인트 레지스 마카오 호텔 내 1층 📍 1/F, The St. Regis Macao Cotai Central, Cotai
🕐 12:00~01:00 📞 +853 2882 8898
🏠 sandscotaicentral.com/restaurants/lounge/the-st-regis-bar

북방관 North 北方馆

tvN 〈원나잇 푸드 트립〉에 나온 후 한국 여행객 사이에서 인생 새우를 만나는 곳으로 소문난 중식당이다. 특급 호텔 베네시안 마카오(The Venetian Macao)에 들어선 곳답게 부담스러운 금액이긴 하나 그 이상의 맛과 분위기를 누릴 수 있다. 한국인들 열에 아홉이 주문하는 북경식 새우튀김은 바삭한 식감과 더불어 누구라도 반하지 않을 수 없는 새콤달콤한 맛을 자랑한다. 메뉴판에 한글이 있어 주문이 편리하고, 쉐라톤 호텔(Sheraton Macao)에도 지점이 있으니 가까운 곳을 선택하자.

✕ 북경식 새우튀김 MOP250, 꿔바로우 MOP118, 사천식 탄탄면 MOP108 ✦ 베네시안 마카오 1층(호텔 내부가 넓고 복잡하므로 인포메이션 머신 활용 추천) ◉ Level 1, Shop 1015, The Venetian Macao, Cotai ⏰ 11:00~23:00, 금·토 11:00~01:00 ☎ +853 8118 9980 ✿ hk.venetianmacao.com

하이디라오 핫 폿 Haidilao Hot Pot 海底捞火

베이징에 본점을 둔 핫 폿 체인 하이디라오 핫 폿의 마카오 지점이다. 우리나라에도 '하이디라오 훠궈'라는 이름으로 성업 중이지만, 중국 지점과는 메뉴와 맛에서 다소 차이가 있다. 그렇지만 주문은 크게 어렵지 않다. 태블릿 PC에 한국어 메뉴가 있어 광둥어가 서툴러도 편하게 주문할 수 있기 때문. 핫 폿은 우리나라의 샤부샤부와 비슷한데 먼저 육수를 최대 4종류까지 선택한 후 고기와 채소를 선택하고 원하는 토핑을 샐러드 바에서 직접 가지고 오면 된다. 육수가 끓으면 가지고 온 메뉴들을 적당히 익혀 먹자. 다음 날 아침 7시까지 문을 열어 야식을 즐기기에도 딱이다. 다만 향신료가 많이 들어가 호불호가 갈린다는 점을 기억하자.

✕ 2인 기준 MOP450 내외 ✦ 더 베네시안 마카오 호텔 내 1층 ◉ Shop 1036A 1/F The Venetian Macao, Cotai ⏰ 10:00~다음 날 07:00 ☎ +853 2886 0050 ✿ venetianmacao.com

임페리얼 하우스 딤섬 Imperial House Dim Sum 帝王点心

마카오의 딤섬 전문점 중 한국인 여행객에게 가장 사랑받는 식당이다. 임페리얼이라는 이름답게 청나라 황궁을 연상케 하는 화려하고 웅장한 인테리어에 놀라게 된다. 거기다 판매하는 메뉴가 총 200여 가지로, 그중에서 딤섬만 22종에 이른다. 딤섬 주문은 메뉴에 원하는 종류를 체크해서 주인장에게 건네는 방식인데 영어 설명이 적혀 있어 주문은 어렵지 않다. 두 명의 경우 딤섬 두세 가지와 볶음밥, 또는 죽 정도를 주문하면 부족하지 않게 즐길 수 있다. 코타이 중심지에서 10년 넘는 역사를 자랑한다는 사실이 이 식당의 음식 맛을 대변한다.

✕ 하가우(Imperial Shrimp Dumplings) MOP75, 시우마이(Steamde Pork and Shrimp Dumplings) MOP65, 에그 커스터드 번(Egg Yolk Custard Buns) MOP55 ✖ 더 베네시안 마카오 호텔 내 1층 ◉ Shop 1042 1/F The Venetian Macao, Cotai ◷ 07:00~24:00 ☎ +853 8118 8822 ⌂ venetianmacao.com

맥솔리즈 에일 하우스 McSorley's Ale House 麥時利愛爾蘭酒吧

베네시안 마카오 호텔 안에 들어선 편안한 분위기의 영국 스타일 펍이다. 자체 양조장을 갖추고 있어 이 집만의 고유한 맥주를 맛볼 수 있다. 이름처럼 에일 맥주가 특히 유명하지만 라거 맥주나 병맥주도 다양하게 갖추어놓았다. 맥주 애호가라면 이 집의 시그니처 에일인 '맥솔리즈 55 에일'을 선택해보자. 향이 과하지 않아 에일 입문자도 부담 없이 즐기기 좋다. 햄버거, 나초, 파스타 등 먹거리도 다양한데 맥주에 어울리는 안줏거리를 찾는다면 피시 앤드 칩스를 추천한다. 영국 음식은 맛없다는 편견을 잊게 할 만큼 맛도, 양도 만족스럽다. 금요일에는 맥솔리즈 55 에일과 피시 앤드 칩스를 묶은 콤보 메뉴 '피시 프라이데이 피스트'를 선보이니 맥솔리즈 에일 하우스 방문 계획이 있다면 금요일을 공략해보자.

✕ 피시 프라이데이 피스트(Fish Friday Feast) MOP148, 맥솔리즈 55 에일(McSorley's 55 Ale) MOP68, 버팔로 치킨 윙스(Buffalo Chicken Wings) MOP112 ✖ 더 베네시안 마카오 호텔 내 1층 ◉ Shop 1038 1/F The Venetian Macao, Cotai ◷ 12:00~22:00 ☎ +853 2882 8198 ⌂ venetianmacao.com

드래곤 포르투기스 퀴진 Dragon Portuguese Cuisine 福龍葡國餐

브로드웨이 마카오 호텔 내 먹거리 골목인 '푸드 스트리트'에 들어선 매캐니즈 식당으로 이름처럼 광둥식보다 포르투갈식에 무게를 둔 곳이다. 오리밥, 아프리칸 치킨, 소갈비 구이 등 어떤 걸 주문하든 일반적인 매캐니즈보다 좀 더 진하고 깊은 풍미가 느껴진다. 다른 가게에서 판매하지 않는 메뉴를 찾는다면 '크랩 치즈 구이'를 추천한다. 꽃게의 살만 발라낸 후 치즈를 얹어 구운 요리로 극강의 부드러움을 자랑한다. 정찬은 물론 와인이나 맥주와 함께 가벼운 스낵을 즐기기에도 좋은 곳이다.

🍴 게살 파테(Crab Meat Pate) MOP108, 포르투갈식 스테이크(Steak a Portugalia) MOP199, 바칼라우 크로켓(Codfish Cakes) MOP19
🚶 쿤하 바자에서 도보 약 5분 📍 Rua dos Mercadores No.5, Taipa
🕐 12:00~22:00 📞 +853 6280 3992 🏠 portugalia.com.mo

팀호완 Tim Ho Wan 添好運

2009년 오픈 후 7년 연속 〈미쉐린 가이드〉에서 별을 따내며 단숨에 홍콩 최고의 딤섬집이라는 찬사를 받은 팀호완의 마카오 지점이다. 딤섬 대중화에 앞장서온 곳답게 합리적인 금액과 특급 레스토랑 룽킹힌(龍景軒)의 딤섬 전문 셰프였던 막가푸이(麥桂培)가 개발한 맛에 반하게 된다. 기존 브로드웨이 호텔 주변의 지점이 가장 유명했으나 폐점했고, 지금은 더 런더너 마카오 지점이 유일하니 방문할 때 미리 확인하고 잘못 가는 일이 없도록 하자.

🍴 하가우(Steamed Fresh Shrimp Dumpling) MOP32, 씨우마이(Steamed Pork&Shrimp Dumpling) MOP31, 로마이까이(Traditional Sticky Rice in Lotus Leaf) MOP32 🚶 더 런더너 마카오 호텔 내 1층 📍 1/F The Londoner Macao, Cotai
🕐 09:00~23:00 📞 +853 2836 2288
🏠 londonermacao.com/macau-restaurants/tim-ho-wan

13 이상한 나라의 앨리스 속으로

처칠스 테이블 Churchill's Table 倫敦人邱吉爾餐廳

더 런더너 마카오 호텔 안에 들어선 영국식 식당, 동화 〈이상한 나라의 앨리스〉를 콘셉트로 디자인한 곳이다. 식사부터 디저트까지 다양하게 판매하지만 손님 대부분은 '매드 해터 애프터눈 티'를 즐기기 위해 이곳에 들른다. 찻잔부터 작은 티스푼 하나까지 이상한 나라의 앨리스 캐릭터를 디테일하게 심어놓아 진짜 동화 속으로 들어온 듯한 착각을 불러일으키기 때문이다. 시식 도중 마술 쇼가 펼쳐지기도 하고 식당 정문 앞 분수대에서 근위병 교대식이 펼쳐져 어린이 동반 가족 여행객이 특히 좋아하는 곳이다. 초콜릿이나 차 등의 선물을 고르기에도 좋으며 조식 메뉴도 유명해 여러모로 들러야 할 이유가 많다. 매드 해터 애프터눈 티는 온라인을 통해 최소 하루 전에 예약해야 하며 오후 3시와 4시 반 타임 중 선택 가능하다.

✕ 매드 해터 애프터눈 티(Mad Hatter Afternoon Tea) 2인 기준 MOP528, 에그 베네딕트(Churchill's Eggs benedict) MOP158 ⚐ 더 런더너 마카오 호텔 내 1층 ⚐ 1/F The Londoner Macao, Cotai ⏰ 매드 해터 애프터눈 티 15:00~18:00(목~일, 공휴일만 운영), 조식 07:00~13:00 ☎ +853 8118 8822 ⌂ londonermacao.com

차베이 Cha Bei 茶杯

갤럭시 마카오 호텔 내에 들어선 차베이는 넓고 꼬불꼬불한 호텔 아케이드 안에서도 한눈에 찾을 수 있는 독특한 외관의 카페. 핑크색과 민트색 벽에 꽃과 과일이 달려 있고 메이드 복장을 한 직원들이 주문을 받는다. 중국 고원지대에서 자라는 최고급 찻잎만 사용하기 때문에 높은 퀄리티의 티타임을 누릴 수 있다. 차베이는 중국어로 '찻잔'을 의미하는데 그만큼 메뉴의 외형에도 신경을 쓰는 곳이다. 애프터눈 티 세트가 특히 유명하지만 어떤 메뉴든 모양에 한껏 힘을 준 디저트가 금박의 반짝이는 접시 위에 올라가 사진을 찍지 않고는 못 배길 정도도. 꽃그네 포토 존도 있어 어린이 동반 여행객이 쉬어 가기에 안성맞춤이다.

✗ 애프터눈 티 세트(Cha Bei Floral Afternoon Tea) 2인 기준 MOP528, 핑크 로즈 라테(Pink Rose Latte) MOP48, 연어&스크램블드에그 샌드위치(Tea Smoked Salmon with Scrambled Egg on Rye) MOP108 🚶 갤럭시 마카오 호텔 내 1층 📍 Shop 1047 1/F Galaxy Macau, Cotai 🕐 11:00~21:00 📞 +853 8883 2221 🏠 galaxymacau.com

젠딤섬 Zhen Dim Sum 真點心

딤섬은 이제 우리나라에서도 쉽게 접할 수 있지만 여전히 마카오 여행자들이 현지에서 가장 기대하는 음식이다. 젠딤섬은 합리적인 금액으로 딤섬을 양껏 즐길 수 있는 곳으로, 현지인들에게 더 인정받고 있다. 특급 호텔 중식당과 견주어도 뒤지지 않는 맛 또한 인기에 한몫한다. 얇은 찹쌀피 속에 통새우가 들어간 하가우, 폭신한 빵 속에 돼지고기 소가 들어간 차슈바오, 닭발을 간장에 조린 펑자오 등 100여 가지의 딤섬을 맛볼 수 있다. 마카오반도에도 지점이 있다.

✗ 하가우(Steamed Superior Shirimp Dumplings) MOP36, 차슈바오(Steamed Barbecued Pork Buns) MOP20, 펑자오(braised Chicken Feet with Rich Soy Sauce) MOP31 🚶 쿤하 바자 맞은편 버스 정류장 Ponte Negra에서 30번 버스 탑승 후 여섯 번째 정류장 Avenida Kwong Tung에서 하차, 도보 약 2분 또는 쿤하 바자에서 도보 약 16분 📍 G/F, Block J, Edificio Hong Cheong, 586 Rua de Nam Keng, Flores, Taipa 🕐 10:00~22:00 📞 +853 2883 2232

표기 | Piu Kei 彪記

새벽 4시까지 영업하는 보기 드문 로컬 식당으로, 마카오반도와 타이파 두 곳에 지점이 있지만 올리브 TV 〈밥블레스유〉에 나와 여행객들 사이에서 맛집으로 떠오른 곳은 타이파 지점이다. 주로 아침 식사로 즐기기 좋은 가벼운 음식을 파는데, 국수나 차찬텡 등 다양한 메뉴 가운데 죽을 가장 추천한다. 기본 흰죽도 아주 훌륭하며, 소고기나 조개 등 원하는 재료를 추가하면 좀 더 깊은 맛을 느낄 수 있다. 담백한 죽과 짭조름한 토핑의 조화가 신선한 맛을 자아낸다.

✖ 흰죽(Plain Congee) MOP12, 소고기죽(Sliced Beef Congee) MOP35, 딤섬(Pork Dumpling) 4개 MOP14 ✦ 쿤하 바자에서 도보 약 12분 ♥ 209-291 R. de Bragança, Taipa ◐ 07:00~다음 날 04:00 ☏ +853 2885 5184

신무이 | 新武二廣潮福粉麵食館

올리브 TV 〈밥블레스유〉로 방송을 탄 후 한국인 여행객들 사이에서 굴국수 맛집으로 소문난 로컬 식당이다. 국수 재료를 손님이 직접 선택해야 하는 마카오 국숫집들은 한자를 잘 모르면 메뉴 선택이 어렵다. 하지만 이곳 메뉴판은 그림과 함께 손으로 꾹꾹 눌러쓴 한글 안내가 있어 비교적 선택이 쉽다. 굴국수를 기본으로 하고 면발 종류와 굵기, 국물에 들어갈 양념 등을 고른 후 미트볼이나 마른 마늘 등의 토핑 서너 가지를 추가하면 맛있는 국수가 완성된다. 낯선 냄새도 없고 국물도 시원해 누구라도 별 거부감 없이 즐길 수 있다.

✖ 기본 굴국수 MOP32, 4가지 토핑을 넣으면 MOP50 안팎, 닭날개 튀김 MOP37 ✦ 쿤하 바자에서 도보 약 10분 ♥ 105-175 R. de Coimbra,Taipa ◐ 07:00~18:30 ☏ +853 2884 3946

스타벅스 리저브 MGM 코타이점 Starbucks Reserve

여행자라면 글로벌 브랜드 매장보다 현지 특색이 묻어나는 곳을 선호하겠지만, 그럼에도 한 번은 들르게 되는 곳이 바로 스타벅스다. 마카오 최초의 스타벅스 리저브 매장인 MGM 코타이 지점은 리저브 매장답게 특정 원산지에서 극소량 재배되는 원두를 추출해 마니아들에게 깊은 커피 맛을 보여준다. 굿즈도 매우 다양한데, 마카오 랜드마크가 그려진 머그컵과 텀블러 등은 다른 지점에 비해 종류가 많아 시간 가는 줄 모르고 고르게 된다. 현재 스타벅스 리저브는 베네시안, 갤럭시, 쉐라톤 호텔에도 있지만 MGM 코타이 매장의 규모가 가장 크다.

✘ 아메리카노(Cafe Americano) MOP46~, 콜드 브루(Cold Brew) MOP50~, 캐러멜 마키아또(Caramel Macchiato) MOP53~ ✘ MGM 코타이 호텔 로비로 들어선 후 왼쪽 길을 따라 도보 약 2분 ♥ G/F Shop 120 MGM, Av. da Nave Desportiva, Cotai ⏰ 평일 07:30~23:00, 주말 07:30~24:00 ☎ +853 2888 5591
🏠 mgm.mo/en/cotai/dining/starbucks

세기 카페 Sei Kee Café 世記咖啡

쿤하 거리 입구 맞은편에 들어선 허름한 로컬 카페다. 규모가 작아 앉을 자리는 없고 테이크아웃만 가능하다. 그럼에도 여행객들에게 맛집으로 소문이 나 언제 가도 기다려야 한다. 가장 인기 있는 메뉴는 이 집만의 독특한 방식으로 만들어내는 밀크티. 보약을 달이듯 옹기 약탕기로 찻잎을 우려내 맛의 깊이가 남다르다. 바삭한 바게트 빵 가운데 숯불 돼지고기 한 덩이를 넣어주는 주빠빠오도 이 집의 대표 메뉴 중 하나다.

✘ 밀크티(Milk Tea) MOP22, 주빠빠오(Pork Chop) MOP38 ✘ 쿤하 거리 입구 맞은편 도보 약 1분 ♥ 1 Largo dos Bombeiros, Taipa ⏰ 11:00~19:00(화·일 휴무)
☎ +853 6569 1214
🏠 facebook.com/seikeecafe

카페 봉케이 Cafe Vong Kei 旺記咖啡

철판 위에서 지글지글 익어가는 고기 냄새와 벽 한 면을 가득 채운 커다란 밀크티 그림이 지나가는 이들의 코와 눈을 자극한다. 쿤하 거리에 있는 카페 봉케이 테이크아웃만 가능한 작은 식당이지만, 그럼에도 소위 줄 서서 먹는 맛집이다. 이곳에서 가장 추천하는 메뉴는 귀여운 페트병에 담아주는 밀크티인데, 다소 쓰다고 느껴질 만큼 맛과 향이 진하다. 두툼한 곰보빵을 반으로 가른 뒤 버터 한 조각을 넣어주는 뽀로빠오도 맛있으며, 주문과 동시에 조리하는 철판 요리도 많이 즐겨 찾는다. 비슷한 이름의 유 카페 뱅케이(U Cafe Veng Kei)와는 다른 곳이다.

✖ 시그니처 밀크티(旺記招牌樽仔奶茶) MOP24, 뽀로빠오(菠蘿包) MOP15, 소고기 철판볶음(蒜片厚切牛肉粒) MOP65 🏃 쿤하 바자에서 도보 약 2분 🕐 24시간 영업 📍 60 R. Correia da Silva, Taipa 📞 +853 2882 7033

희련 카페 Hei Lin Cafe 喜蓮喋啡

식민지 문화의 큰 특징 중 하나는 두 나라의 문화가 혼재된 음식이다. 홍콩의 영국 식민 문화를 가장 잘 보여주는 것이 차찬텡인데, 마카로니로 만든 죽이나 끓여 먹는 콜라처럼 다소 생소한 조합이긴 하나 생각보다 맛도 좋고 저렴해 여행객들에게 추천할 만하다. 희련 카페는 마카오에서 가장 유명한 홍콩 스타일의 차찬텡 음식점으로, 언제 가도 합석은 물론 기본 20분 이상은 줄을 서야 한다. 다른 차찬텡에 비해 쾌적한 실내도 유별난 인기 요인 중 하나다.

✖ 마카로니 콘지(牛尾湯通粉) MOP35, 주빠빠오(猪扒包) MOP28, 팥빙수(紅豆冰) MOP30, 호록까겅(콜라에 생강을 넣고 끓인 차(熱薑樂)) MOP20 🏃 쿤하 바자에서 도보 약 7분 📍 Edificio Nam Long, B84, R. de Fernao Mendes Pinto, Taipa 🕐 07:00~20:00(일휴무) 📞 +853 2882 7733

루프톱 마카오 Rooftop Macau

이름처럼 옥상에 오르면 쿤하 거리부터 타이파 빌리지까지 청량한 풍광이 한눈에 펼쳐지는 카페다. 루프톱이라는 점 외에는 크게 특별한 곳은 아니지만, 타이파의 거의 유일한 루프톱 카페라는 점이 이 카페를 특별하게 만들어준다. 종종 옥상에서 라이브 공연이나 캘리그래피 수업 등을 진행할 때가 있어 운이 좋다면 좀 더 특별한 경험을 할 수 있다. 커피는 에스프레소나 아메리카노보다 민트모카 등의 달콤한 커피를 추천하며, 음료 중에서는 향이 좋은 로즈 소다를 추천한다.

✗ 민트모카(Mint Mocha) MOP47, 로즈소다(Rose Soda) MOP35 ✗ 쿤하 거리에서 타이파 빌리지 방향 도보 약 1분 ♥ 49 Rua Correia Da Silva, Taipa ⏰ 일~수 11:30~20:00, 목~토 11:30~23:30 ☎ +853 6563 3133 🏠 roof topmacau.com

레몬첼로 젤라토 Lemoncello Gellato 檸檬車露 意大利手拉醫糕專門店

천연 재료를 사용해 직접 젤라토를 만드는 아이스크림 전문점이다. 망고, 바닐라, 바나나, 딸기 등 다양한 과일 맛 젤라토를 맛볼 수 있다. 금액도 저렴하고 무엇보다 아이스크림의 맛이 워낙 뛰어나 좁은 실내 공간이 항상 현지인과 여행객들로 붐빈다. 주문도 간단해서 베이스로 컵과 콘 중 하나를 선택한 후 그 위에 올라갈 아이스크림 스쿱을 최대 3개까지 선택하면 된다. 타이파의 맛집이 모인 골목 끝에 위치해 식사를 마친 후 이 집의 젤라토를 들고 산책하며 여유를 만끽하기 좋다. 다만 마카오의 더운 날씨 때문에 아이스크림이 금세 녹아내리니 물티슈를 챙겨야 한다는 점을 잊지 말자.

✗ 젤라토 아이스크림 1스쿱 MOP30, 2스쿱 MOP40, 3스쿱 MOP55 ✗ 쿤하 거리에서 도보 약 4분 ♥ Shop J, 115 R. do Regedor, Taipa ⏰ 12:00~22:00 ☎ +853 2858 3396

산 호우 레이 San Hou Lei 新好利咖啡餅店

낡고 허름한 외관에 테이블 몇 개가 고작인 분식집이 여행자들에게 타르트 맛집으로 소문나면서 마카오 대표 맛집이 됐다. 영어가 잘 통하진 않지만 이곳에서 가장 유명한 메뉴가 제비집타르트인 만큼 주문 시 'Bird's Nest Tart'라고 말하면 된다. 제비집이 워낙 비싼 타르트 위에 살짝 뿌리는 정도지만 맛이 훌륭해 가장 먼저 동난다. 에그타르트와 주빠빠오 등 간식 메뉴도 다양해 출출할 때 들르기 좋다. 신호리가베병점(新好利咖啡餅店)이라고 쓰인 큼지막한 한자 간판 위에 'San Hou Lei'라고 작게 쓰여 있으니 참고하자.

✖ 제비집타르트(燕窩蛋撻) MOP16, 에그타르트(葡撻) MOP13, 주빠빠오(豬扒飽) MOP28 🏃 쿤하 바자에서 도보 약 3분 ● 13-15 Rua do Regedor Macau ⏰ 07:15~18:15 📞 +853 2882 7313

세라두라 Serrdura 沙度娜

매캐니즈 디저트의 대표 주자인 세라두라는 쿠키 가루와 생크림을 층층이 쌓은 케이크의 일종이다. 이름에서 알 수 있듯 디저트 가게 '세라두라'의 대표 메뉴는 세라두라다. 생크림이 아닌 아이스크림을 베이스로, 꽁꽁 얼어 특유의 부드러운 식감은 거의 느껴지지 않지만 초코, 망고, 녹차 등 세라두라의 다양한 변주를 접할 수 있어 새로운 맛을 원하는 여행객이라면 가볼 만하다.

✖ 세라두라 아이스크림(Serradura Ice Cream) MOP29~34 🏃 쿤하 바자에서 도보 약 4분 ● R. do Regedor, 183-189, Taipa ⏰ 10:00~20:00 📞 +853 2883 8688

파스텔라리아 코이케이 Pastelaria Koi Kei 鉅記餠家

아몬드쿠키, 월넛 쿠키, 에그롤 등을 판매하는 과자점으로, 1997년 노점에서 시작해 20여 년 만에 수십 개의 지점을 거느린 업체로 성장했다. 어떤 과자를 선택해야 할지 고민이라면 시식용 제품을 맛보자. 대부분 고민 끝에 가장 유명한 아몬드쿠키를 선택한다. 이곳의 라이벌인 초이헝윤 베이커리(Choi Heong Yuen Bakery) 매장이 바로 맞은편, 쿤하 바자 G층에 있으니 비교해보고 구매하자.

✕ 아몬드쿠키 MOP50~, 육포 MOP 43~ ⚡ 쿤하 바자 바로 맞은편 ♥ Rua do Cun ha, No.11-13, R/C, Taipa, Macau ⏱ 09:00~22:30 ☎ +853 2882 7839 ⌂ koikei.com

타이파 · 코타이 스트립

람고 커피 앤 로스팅 Lamgo Coffee & Roasting 林高咖啡烘焙

테이크아웃만 가능한 작은 규모지만 로스터리 카페라 커피의 맛만큼은 유명 브랜드 커피보다 낫다. 이 작은 공간에서 가능할까 싶을 만큼 남미와 아프리카는 물론 아시아에 이르기까지 전 세계 모든 생산지의 커피를 다룬다. 가장 유명한 것은 이 집의 시

그니처인 람고 블렌드 커피. 적당한 산도가 커피의 풍미를 더욱 진하게 한다. 앉을 자리가 없어 쉬어갈 만한 카페는 아니지만, 평소 커피 마니아라면 마카오 방문 코스 1순위에 올려야 할 카페다.

✕ 람고 블렌드 커피(Lamgo Blend Coffee) MOP28, 콜롬비아 커피 (Colombia Coffee) MOP28 ⚡ 쿤하 거리에서 도보 약 1분 ♥ No. 91 Largo Maia de Magalhaes, Taipa ⏱ 12:00~19:00 ☎ +853 6683 0098 ⌂ instagram.com/lamgo coffeeandroasting

Comur Meagre In Olive Oil
鏽醬油野生黃花魚
オリーブオイル野生のクローカー $180

Comur Marinated eel
醃漬酢漬鰻魚
カットと酢っぱいピカルの漬けた $208

로자 다스 콘세라바스 Loja Das Conservas

포르투갈 리스본에 위치한 본점의 인테리어와 구성품을 그대로 옮겨온 통조림 전문점이다. 매장의 모든 제품은 참치, 정어리, 연어 등을 올리브유나 매운 양념에 절인 후 통조림 처리한 것들로, 100% 포르투갈에서 들여왔다. 대항해 시대 해상 강국이었던 포르투갈은 긴 항해에서 안전하게 먹을 수 있는 통조림 문화가 발달했다. 맛은 물론 캔 디자인도 뛰어나 포르투갈로 여행을 가는 사람들이 관심 있게 보는 기념품에 통조림이 들어갈 정도. 이곳의 통조림 역시 특별한 조리법 없이 그대로 따서 빵에 발라 먹어도 될 만큼 맛이 좋을 뿐 아니라 작품이라 해도 될 정도로 캔 디자인도 감각적이다. 가격도 MOP25~45 정도로 부담 없어 선물용으로도 좋다.

🚶 펠리시다데 거리에서 도보 약 2분 📍 9 Tv. do Aterro Novo, Macau 🕚 11:00~20:00 📞 +853 6571 8214 🏠 facebook. com/lojadasconservasmacau

오문 O-Moon

마카오의 한자 지명 오문(澳門)에서 이름을 따온 곳으로, 동음이의어인 Moon(달)을 주제로 한 각종 기념품을 만날 수 있다. 입구의 커다란 달 모양 조명이나 파란색과 하얀색으로만 꾸민 인테리어 등이 들어가보고 싶은 충동을 일으킨다. 성 바울 성당 유적과 같은 마카오의 랜드마크들을 창의적인 디자인으로 표현했다는 것이 이곳의 특징. 더불어 실용성까지 겸비한 소품이 많아 시간 가는 줄 모르고 구경하게 된다. 작은 동전 지갑이 MOP66, 포르투갈 스타일 벽 타일 모양 기념품이 MOP38, 작은 수첩이 MOP58 정도로 합리적인 금액이라 부담 없이 고를 수 있다. 마카오반도에도 지점이 있다.

🚶 쿤하 바자에서 도보 약 3분 ♦ 22 Rua Correia da Silva, Taipa
🕐 10:00~22:00 📞 +853 6206 7338 🏠 omoonmacau.com

타이파·코타이 스트립

REAL PLUS

마카오 최남단
바닷가마을

콜로안
COLOANE 路環

바닷가 산책로를 따라 파스텔 톤의 성당과 집들이 쭉 늘어서 있다. 사람들이 거의 다니지 않아 파도 소리, 바람 소리가 청명하게 들리는 콜로안은 인파에 지친 여행객들에게 여유와 낭만을 주는 선물 같은 공간이다. 마을 전체가 영화 세트장이라 해도 될 만큼 아기자기한 멋으로 가득한 콜로안에서 한가로운 한때를 누려보자.

ACCESS

○ **세나도 광장 정류장** Almedia Ribeiro/Rua Merdores
- 21A·26A 버스 ⏱ 약 40분
○ **콜로안 빌리지 정류장-1** Coloane Village-1

○ 아마 사원 앞 정류장 A-Ma Temple
- 25번 버스 ⏱ 약 1시간
○ 콜로안 빌리지 정류장-2 Coloane Village-2

○ **타이파 빌리지 정류장** Macau Stadium
- 25번 버스 ⏱ 약 25분
○ **콜로안 빌리지 정류장-1** Coloane Village-1

○ 베네시안 마카오 정류장 Roundabout of Flor De Lotus-1
- 25번 버스 ⏱ 약 15분
○ 콜로안 빌리지 정류장-1 Coloane Village-1

BEST 3

01
로드 스토우즈
에그타르트

02
콜로안 빌리지
산책

03
성 프란치스코
하비에르 성당

콜로안 빌리지 Coloane Village 路環村

이제는 마카오를 소개하는 방송이나 가이드북에 빠지
지 않고 등장하는 여행자들의 필수 방문 코스 콜로안 빌
리지. 오랜 세월 해적 소굴이었던 이 작은 마을에 1969
년 이후 이주가 시작됐다. 빈티지한 마카오반도, 화려한
코타이 스트립과 달리 별다른 특징이 없어 오랜 세월 여
행객들이 거의 찾지 않던 곳이었지만, 지난 2005년 우리
나라 드라마 〈궁〉의 배경으로 등장한 후 방문자 수가 급
속히 늘면서 현재는 마카오의 대표 얼굴 중 하나가 되었
다. 마카오에서 가장 맛있기로 소문난 에그타르트를 맛
보고, 파스텔 톤 집들이 쭉 늘어선 예쁜 바닷가 마을을
산책하는 게 전부인 간단한 일정이지만, 그럼에도 중심
가에서 오고 가는 걸 포함하면 넉넉히 반나절은 잡아야
이 아름다운 마을을 제대로 감상할 수 있다.

🚶 콜로안 빌리지 버스 정류장(Coloane Village-1, Coloane
Village-2)에 내리면 바로 시작

여유와 낭만의 오솔길

싱코 드 오투부르 거리 | Avenida de Cinco de Outubro 十月初五馬路

콜로안 빌리지에서 바다와 마주한 작은 오솔길이다. 특별한 볼거리는 없지만 바닷바람을 맞으며 고즈넉한 마을을 돌아보는 것만으로도 여행에 여유와 낭만이 더해진다. 나무가 드리워진 길 사이사이 작은 벤치들이 놓여 느긋한 시간을 보낼 수 있다. 이곳에 앉아 로드 스토우즈 베이커리에서 구입한 에그타르트를 맛보며 쉬어 가는 행복은 콜로안 여행에서 결코 빼놓을 수 없는 일. 어딜 가나 사람 많고 차 많은 마카오에서 이런 한가함을 누리기란 생각보다 쉬운 일이 아니다. 그 어떤 스폿보다 콜로안 여행의 핵심이라 해도 과언이 아니다.

🚶 로드 스토우즈 베이커리에서 바다 쪽 방향으로 도보 약 1분
📍 Av. de Cinco de Outubro

한국인에게 친숙한 성당

성 프란치스코 하비에르 성당 Chapel of St. Francis Xavier 路環聖方濟各聖堂

1928년에 지은 바로크 양식의 건물로, 성 도미니크 성당처럼 도드라진 곡선이 특징이다. 아시아 선교 활동에 주력했던 성 프란치스코 하비에르는 일본에서 가장 활발한 활동을 펼쳤는데, 그의 팔 뼈가 성당 내부에 오랜 기간 안치되면서 일본인 방문자 수가 급격히 늘기도 했다. 안쪽에 김대건 신부의 초상화가 걸려 있으며, 드라마 〈궁〉과 영화 〈도둑들〉에 등장한 후 우리나라 여행객들도 자주 찾는다.

🚶 콜로안 버스 정류장에서 바닷가 길을 따라 도보 약 4분 📍 Largo Eduardo Marques, Coloane ⏰ 10:00~17:00 📞 +853 2888 2128

가벼운 산책을 즐기고 싶다면

학사 비치 Hac Sa Beach 黑沙海灘

이름처럼 검은 모래의 작은 해변으로, 워낙 외곽에 위치해 여행객보다는 현지인들이 많이 찾는 곳이다. 규모가 작아 해변을 따라 가벼운 산책을 즐기거나 곳곳에 들어선 노점에서 구운 오징어 등 간식을 먹고 즐긴다면 1시간이면 충분하다. 버스를 타고 꾸불꾸불한 산길을 따라 이곳에 이르는 내내 창 밖으로 호젓한 시골 풍경이 펼쳐진다. 인공적인 아름다움으로 가득한 마카오반도나 코타이 스트립에서 벗어나 탁 트인 자연을 마주한다는 것만으로도 방문할 가치가 충분하다.

🚶 콜로안 빌리지 정류장-1(Coloane Village-1)에서 25번 버스 탑승 후 학사 비치(Hac Sa Beach)에서 하차, 약 30분 소요 📍 Hac Sa, Coloane

카페 응아 팀 Cafe Nga Tim 雅憩花園餐廳

성 프란치스코 하비에르 성당 바로 옆에 포장마차 같은 노천 식당이 보인다. 선뜻 들어가기가 꺼려질 만큼 허름하지만, 마카오에서 가장 맛있는 매캐니즈 식당 중 하나로 손꼽히는 곳이다. 대표 메뉴는 커다란 게를 매콤한 커리 양념과 함께 볶아낸 크랩 커리로, 시가로 가격이 매겨지지만 시내보다 MOP50~60 정도 저렴하게 맛볼 수 있다. 새우에 매콤한 양념을 발라 구운 마늘 새우 구이나 고소하고 달콤한 디저트 세라두라도 훌륭하다. 영화 〈도둑들〉에서 펩시가 다이아몬드 '태양의 눈물'을 찾으러 갔던 바로 그 식당이다.

🍴 크랩 커리 시가 측정 약 MOP400, 마늘 새우 구이 (Spicy Salt and Pepper Garlic Prawns) MOP88, 세라두라 MOP28 🚶 성 프란치스코 하비에르 성당을 정면에 두고 바로 왼쪽 📍 8 R. do Caetano, Coloane 🕐 12:00~다음 날 01:00 📞 +853 2888 2086

에스파코 리스보아 Restaurante Espaco Lisboa 里斯本地帶餐廳

카페 응아 팀이 다소 시끌벅적한 로컬 스타일이라면 에스파코 리스보아는 조금 더 격식을 갖춘 레스토랑이다. 2017년부터 3년 연속 〈미쉐린 가이드〉 추천 식당으로 선정되면서 여행객의 방문이 부쩍 늘었는데, 주인장이 포르투갈 출신인 만큼 더욱 정통에 가까운 요리를 선보인다. 맥주 안주로 훌륭한 감바스 알 아히요, 한식의 국밥처럼 속을 든든히 채워주는 해물밥 등을 추천한다.

🍴 감바스 알 아히요(Gambas ao Alhinho) MOP128, 해물밥(Arroz de Tamboril Com Gambas) MOP388 🚶 콜로안 빌리지 정류장-1(Coloane Village-1)에서 도보 약 1분 📍 8 R. das Gaivotas, Coloane 🕐 12:00~15:00, 18:30~22:00 📞 +853 2888 2226

187

로드 스토우즈 베이커리 Lord Stow's Bakery 安德鲁葡撻

마카오 음식 소개 프로그램에 빠지지 않고 등장하는 에그타르트 전문점으로, 사실상 콜로안 방문 궁극의 이유라 해도 과언이 아닌 곳이다. 영국인 로드 스토우(Lord Stow)가 1989년 이곳에 작은 가게를 연 후 정통 포르투갈 방식에 본인만의 레시피를 더한 독특한 에그타르트를 선보였는데, 이것이 입소문을 타면서 현재의 마카오 스타일 에그타르트로 굳었다. 그야말로 마카오식 에그타르트 원조의 맛을 경험할 수 있는 곳이다. 다른 메뉴 없이 오직 에그타르트만 판매하며 테이크아웃만 가능하다. 콜로안에만 다양한 방식으로 에그타르트를 판매하는 로드 스토우즈가 4곳이나 있으며 코타이에서 2곳의 지점이 성업 중이다.

✕ 에그타르트 개당 MOP13, 6개들이 한 상자 MOP75 ✦ 콜로안 빌리지 정류장 -1(Coloane Village-1)에서 도보 약 1분 ♀ 1 Rua do Tassara, Coloane Town Square, Macau ⏰ 07:00~22:00 ☎ +853 2888 2534 🏠 lordstow.com

로드 스토우즈 카페
Lord Stow's Cafe

에그타르트와 함께 각종 빵류를 판매하며 테이크아웃이 가능하다.

♀ 9 Largo do Matadouro Coloane
☎ +853 2888 2174 ⏰ 09:00~18:00

로드 스토우즈 가든 카페
Lord Stow's Garden Cafe

에그타르트와 함께 피자, 샐러드 등 다양한 디저트를 판매한다.

♀ G/F C Houston Court 21 Largo do Matadouro, Coloane ☎ +853 2888 1851 ⏰ 화~일 09:00~22:00, 월 09:00~17:00

로드 스토우즈 익스프레스
Lord Stow's Express

에그타르트와 함께 커피 등의 음료를 판매한다.

♀ Largo do Matadouro, No. 17E&19D, Houston Court, Coloane
☎ +853 2888 2046 ⏰ 10:00~18:00 (금 휴무)

〈편스토랑〉에 등장한 믹스커피 맛집

한기 카페 Hon Kee Cafe 漢記咖啡

카페라는 이름이 무색할 만큼 낡고 허름하지만, 맛있기로 소문난 노천카페다. 다양한 차찬텡 메뉴를 판매하는데 가장 유명한 것은 방송에서 정일우가 먹은 '스위트 믹스커피'다. 달고나 커피와 비슷한데 직접 손으로 수차례 믹스커피를 저어 거품을 만들어준다. 주빠빠오는 바게트 빵 사이에 두툼한 돼지갈비 한 점이 올라간 샌드위치로, 맛도 좋지만 크기도 커아주 든든하다. 외곽에 있지만, 놓치기 아쉬운 스폿이니 방문해보자.

✕ 스위트 믹스커피(Hand Beaten Sweet Coffee) MOP22~28, 주빠빠오(Bun with Pork Chop) MOP28 ⫯ 시티 오브 드림즈 앞 정류장 Est.Do Istmo/C.O.D에서 25번 버스 탑승 후, 정류장 Est.Do Campo/Psp-1 하차, 도보 약 5분
⦿ Estr. de Lai Chi Vun, Coloane ⏱ 08:00~18:00(수 휴무) 📞 +853 2880 2310

진짜 로컬 맛집 체험

키우케이 카페 Estabelecimento de Bebidas Kiu Kei 橋記架咖啡美食

여행객들에게는 아직 알려지지 않았지만, 콜로안 사람들이 줄 서서 먹는 현지 맛집이다. 찾아가는 일 자체가 미션 수행일 만큼 미로처럼 꼬불꼬불한 골목길 사이에 있다. 거기다 한자로만 이루어진 메뉴판을 보고 주문하는 것까지가 이 식당의 미션. 여러 메뉴 가운데 사람들이 가장 많이 찾는 것은 카레라면이다. 라면 위에 토핑으로 달걀, 돼지고기, 돈가스 등이 올라가는데 기본적으로 카레라면 자체가 맛있어서 어떤 토핑이든 마음껏 추가해도 된다. 똥라이차(차가운 밀크티)와 함께 먹는 카레라면의 맛은 마카오 여행 최고의 맛이라 해도 손색이 없을 정도다.

✕ 밀크티(奶茶) MOP13, 카레양지라면(咖哩牛腩麵) MOP29, 달걀라면(豬扒蛋麵) MOP34 ⫯ 로드 스토우즈 베이커리에서 마을 안쪽 방향으로 도보 약 3분
⦿ 7號 Povoacao do Interior, Coloane ⏱ 06:30~15:45 📞 +853 2888 2139

나만의 특별한 스폿을 원한다면

홀드 온 투 홉 카페 Hold on to Hope Cafe

콜로안반도 동쪽 끝 한적한 바닷가 마을에 위치한 카페다. 콜로안 여행이 주로 서쪽을 중심으로 이루어져 여행객이 찾아가기는 어렵지만, 남과 다른 특별한 여행 스폿을 찾는다면 도전해볼 만하다. 커피, 샌드위치, 아이스크림 등 다양한 디저트를 판매하고 찾아간 노력이 헛되지 않을 정도로 맛은 기대 이상이다. 1930년대에 지은 콜로니얼 스타일 건물이 예쁘기도 하고 경치가 꽤나 아름다워 기념사진을 찍을 장소로도 제격이다.

✕ 아이스 아메리카노(Iced Americano) MOP28, 햄 앤드 치즈 샌드위치(Ham and Cheese Sandwich) MOP35 ⫯ 학사 비치에서 21A 버스 탑승 후 정류장 T. De Com bustiveis Do P. De Ka-Ho 하차, 도보 약 4분 ⦿ Estrada de Nossa Sra. de Ka Ho, Coloane ⏱ 월·화·금 10:30~17:00, 주말 10:30~18:30 📞 +853 2888 2414

INDEX

방문할 계획이거나 들렀던 여행 스폿에 ✔표시해보세요.

— INDEX —

방문할 계획이거나 들렀던 여행 스폿에 ✅표시해보세요.

방문할 계획이거나 들렀던 여행 스폿에 ☑표시해보세요.